JN307851

桜がなくなる日

生物の絶滅と多様性を考える

岩槻邦男
IWATSUKI KUNIO

HEIBONSHA

桜がなくなる日●目次

はじめに

「桜がなくなる」といっても信じる人はいないかもしれない。

毎年春になると華麗に咲き競い、今も昔と同じように日本列島を彩っている桜が、消えてなくなると心配するのは、まさに杞憂というべきものと感じられるのではないか。かといって、人が植栽し、数多く花咲かせているソメイヨシノや、数えきれないほど栽植されている八重の里桜たちが、やがて消えてしまう心配をすることなどないというのは、しかし、本当だろうか。

実際、日本列島にもともと野生する桜のあれこれが、すでに危険な状態にあることは事実である。

桜の心配までしなければならないほど、日本列島の植物の状態は危険なのか。みどり豊かに見える日本列島で何が起こっているのか、その実態を見ていくことにしよう。

二十世紀の後半から、公害などの現象が問題視されたことと並んで、日本列島の自然にも影響が及んでいることが話題に上り始めた。日本列島で、最初に詳細な生き物の動態が調査されたのは、維管束《いかんそく》植物（種子植物とシダ植物）についてで、一九八九年に、最初の包括的なレッドリストが編纂された。

それ以後、日本列島の生き物に見られる現象もより詳しく調査され、生物多様性に及んでいる人為の影響が、絶滅危惧種の現状を通じて客観的に示されるようになった。もちろん、現状を調査するだけでなく、危ない種《しゅ》には、それぞれに救済の試みもなされ、一度は絶滅に向かっていると心配された種が、徐々に勢力を盛り返している現状も明らかにされている。

間違った人為を加えれば生命を絶たれそうになる野生種も、それなりに注意し、対策を施せば、危険な状況から免れるものである。その当然の過程も、絶滅危惧種という現象を通じて確かめられる。

日本列島から桜をなくすような愚行は避けたいものである。その考えには、たぶん大多数の人々の賛同を得ることができるだろう。これは理屈以前のことだからである。

それでも、このような危惧を話題にしなければならないのが日本列島の現状であり、残念ながらそのことはまだそれほど広く認知されているとは思えない。いくつかの専門的な報告書や、きれいな写真を載せた現状の紹介書もあるが、ここでは分かりやすく日本列島の植物の動態を概観することで、問題の本質について考えるきっかけを提供してみたい。「桜がなくなる日」がやがてやって来るという紹介ではなくて、そのような日が絶対に来ないことを念ずる書であることを最初にお断りしておこう。

第一章 危険な状態の植物たち

危ない植物といえば、毒になる草や棘《とげ》のある植物の話になってしまうことがある。たしかにそれも直接に害を与える危ない植物には違いないが、ここでいう危ない植物とは、種の生存に危機が及んでいる植物たちのことである。

それも、人の営為によって生存の維持が困難になっている植物のことで、人に害を加えるという意味ではなく、植物自体の生存が危ないという話題である。個々の植物ではなくて、種そのものが絶滅してしまう恐れのある植物のことである。いくつもの植物種が危なくなっている具体的な状況を紹介する。それは、植物たちが生きていけない地球には、人だって生きてはいけないのだという関係性を語るためでもある。

第一節　絶滅の危機に瀕する動植物種

話題に上り始めた危ない植物

梅雨に入る頃になると、サギソウが満開になったと、テレビなどで報じられるのが例になっている。

そのサギソウも、かつては日本各地で、ひっそりとではあっても、季節になれば咲き誇っていたものである。しかし、今では危険な植物のひとつに数えられる。というように、少し前まではふつうにみられた植物たちのあれこれが、絶滅の危機に瀕している。まず、どのような植物がどのように危ないのか、その現実をみてみよう。

サギソウ（千葉大学構内）

日本人は伝統的に自然に鋭敏な感覚をもってきた。自分たちの周辺の自然に日頃から強い関心をもち続けている人たちが今でも結構多く、身近な生き物の動態について、専門の職業的な生物学者よりも詳細に観察している人さえ珍しくはない。

このような non-professional naturalists（在野の生き物愛好者たち）から、二十世紀中頃になって、自分たちの周辺の自然に何か変なことが起こっているという観察記録がもたらされるようになった。都市の空気の汚染や産業廃棄物などによる、いわゆる公害問題が深刻な社会問題となり始めた頃である。

　同じような現象は欧米でも話題に上り、こちらは主として専門分野の研究者たちから、人為の影響によって絶滅の危機に追いやられる動植物種があることについて問題が提起されていた。

　一九五〇年代から、植物分類学や動物分類学の関連学会などによる科学的な調査も始められ、六〇年代には多数に上る絶滅危惧種の一覧をつくる活動なども始まった。一九六六年には、国際自然保護連合（ＩＵＣＮ）が最初の絶滅危惧種一覧を編纂した。この危険な種の一覧表の表紙には真っ赤な色が使われた。それは赤信号を意味していたので、その後、この種のリストをレッドリストと呼んでいる。生物多様性の基礎調査が進んでいた欧米では、このデータにもとづいて、一九七〇年代の前半には、種の保存に関わる国の法律がつくられるなど、具体的な保全活動も始まった。

　このような内外の情勢に応じて、日本の植物について、最初に絶滅危惧種一覧をつくろうと試みたのは里見信生、清水建美の二人で、一九六四年から七四年に施行された国際生物学事業計画（ＩＢＰ）の一環で、一九七六、七七年に絶滅の危機に瀕する植物の一覧を公表した。

しかし、当時はまだ個々の種の動態を詳しく調査検討し、客観的に評価する手法が確立していなかったし、実際に詳細な調査が行われたわけではなかった。この一覧表は二人の研究者とその周辺の情報をまとめただけで、内容も不十分だったし、そのため世間の注目を惹くこともできないでいた。

日本の植物、レッドリスト事始め

問題の深刻さが研究者仲間でも真剣に受け止められるようになり、一九八〇年代半ばになると、日本植物分類学会が活動主体となる研究班が組織され、一九八六年から八八年の三カ年計画で全国規模の情報収集と補完的な調査が行われ、最初のレッドリストが一九八九年に刊行された。ＩＵＣＮなどの活動も進んでいて、レッドリストのための科学的で国際的な評価基準もつくられた。

このレッドリストはその国際基準に合わせ、全国の non-professional naturalists たちの協力を得て、危険な種の現状を詳細に調査し、評価したものだった。日本におけるその前後の調査研究の展開の経過などは、『日本絶滅危惧植物』（岩槻、一九九〇）に記録している。

日本列島は今でもみどりが豊かである。海外旅行から帰国すると、空から見た日本列島のみどりの濃さにホッとするものである。

シベリアからでも、北米大陸からでも、乾季の東南アジアからでも、中国大陸からでも、みどりの乏しい下界を見続けた後に日本列島の上空に戻ってくると、いつでもみどりに覆われた島々が目に飛び込んでくる。

しかし、一見して豊かに見えるみどりも、その詳細を観察してみると、絶滅危惧種の割合は、イギリス諸島とほぼ同じであることが八〇年代の調査で分かった。集計は、いずれもＩＵＣＮのレッドリストの評価基準に合わせている。植物の世界に及んでいる人間生活の影響は、洋の東西を問わず、怪物のように大きく育っているという現実に直面することになったのである。

ＮＧＯによる調査研究で始まった日本における絶滅危惧種の認識は、その後、国の事業として展開されているが、維管束植物に関する部分は、ＮＧＯの調査を担当した時の研究班だった日本植物分類学会の委員会が、同じすがたで、今でも環境省（国）の調査研究の実際の担当母体となっている。個々の担当者には交代があるが、同一の組織が今では継続して四半世紀を越えてデータを追っているし、一貫して全国的に広がる non-professional naturalists の協力を得て、調査研究は継続発展的に進められている。

この調査から、一見絶滅の危機に追いやられる種の増加に歯止めがかけられたように見えはするものの、数が減る状況になっているわけではない。もっとも、原因を突き止めて対策を立てた種については、徐々に危機を脱するような手当てができるようになっているのも、もうひとつの事実である。悲観するだけでなく、何をやればいいのかを考え、実行したいものである。

絶滅危惧種に対する認識の薄さ

絶滅危惧種の問題が社会に問われ始めてから、やがて半世紀になる。そして、危険な状態に一向に歯止めがかからないというのに、世間では何となく、「人の営為で危険な状態に追いやられている生き物がいるのは、かわいそうだ」という程度の認識しかないのではと心配になってくる。

確かに、わたしたちも、絶滅危惧種の問題を意識してもらおうと、資源の枯渇と絡ませ、環境の劣化の問題として取り上げてきた（第二章）が、現実の危なさが広く認識されるにはほど遠いことにやりきれない思いがする。

日本列島では、明治維新の頃まで、中大型の動物は一種も絶滅に追いやらなかったと整理される。新人（ホモ　サピエンス　サピエンス）は列島にたどり着いた頃、マンモスやオオヘラジカなどの狩猟に優れた力を発揮した。これらの種を列島で絶滅に追いやったのは、究極は気候の変遷によるものと説明されるが、わたしたちの先祖の優れた狩猟の技量に負っていた部分があったかもしれない。

しかし、ここでは縄文時代までの話はいったんおいて、現代人が文化を磨き上げるようになってからに話をしぼりたい。そうすれば、明治時代にニホンオオカミなどが絶滅したという事実に行き当たるし、最近の調査結果では、ニホンカワウソもどうやら絶滅種の仲間入りをしたらしい。実際、レッドリストに入れられている動植物種の多くは、ここ何十年かの間に、わたしたち人類の活動によって生存の可能性を奪われようとしている生き物たちである。その現実に、まず真摯に向かい合う必要がある。

絶滅危惧種といえば、パンダが象徴的に取り上げられる。パンダは世界自然保護基金（WWF）のロゴマークにも使われている。同じように、日本では、トキやコウノトリが例題として引かれることが多い。いずれも動物である。

日本の植物のレッドリストが公表された一九九〇年前後、わたしはあちこちで絶滅危惧植物について講演をする機会があった。そんな際、話を始める前に、「植物にも絶滅の危機に瀕している種があるのですか」などと聞かれて、今日は何の話に集まってもらったのだろう、といぶかしく思ったことさえあった。

その後、一九九二年にリオデジャネイロで開かれた国連環境会議、いわゆる環境サミットが話題になり、この際、生物多様性条約が採択されたことなどもあって、それ以来、絶滅危惧種の話題は少しずつ浸透するようになってはいる。

日本でも徐々に広まった関心が、二〇一〇年に名古屋で第十回生物多様性条約加盟国会議（COP10）が開催された頃には、ずいぶん深まったようにも思ったが、それでも市民の意識が問題への有効な対策を推進するまでに盛り上がっている状況にはない。

二〇一二年には、佐渡島で放鳥されたトキにこどもができたことが話題になった。相前後して、但馬（兵庫県）で、すでにこどものときから野外で育っていたコウノトリ同士が産卵し、人手をかけることなくこどもが育っているというニュースも伝えられた。

コウノトリは放鳥されて次世代をつくっていたためか、報道ではもっぱら、トキのことだけが大きく報じられ、直接人手の関わっていないコウノトリは、大きな話題とならなかった。

コウノトリが野外で暮らせるようになったのは、地域の人たちが協力して環境整備をしたためである。また最近になってシベリアから運び込まれた系統だから、人手が関与していたのは確かである。しかし、これはむしろかかっていた人手を減らし、できるだけ自然の状態に近づけようとした行為であることを踏まえれば、コウノトリは、もともと彼らが生きていたように、人の管理を脱して野外で自分の力で生活し、こどもをつくり、育てることができるようなったのであった。自然回復のもうひとつの峠を越えたできごとだったが、その状況が正しく紹介されることはなかった。

これらの事実に関する報道は、残念ながら日本人の絶滅危惧種に関する認識の薄さと、その元になる科学リテラシーの低さを見せつけることになってしまった。名古屋で開かれたCOP10によって、多少の盛り上がりを見せた生物多様性への関心も、具体的な内容についていえば、残念ながらまだその程度の理解にすぎないという現実を端なくも示すことになってしまったのである。

ここでは、そのような理解にもとづいて、絶滅危惧種の問題を、もう一度振り出しから捉え直し、しかも植物を材料として、読者といっしょに考えてみたい。難しい問題であると理解しながら、しかし、今わたしたちの社会にとって喫緊の課題でもあることを意識し、この問題に取り組んでみようとするのである。

第二節　親しい植物の危機に気づく

上代の田園地帯の植物たち

本格的な最初のレッドリストづくりとなった一九八〇年代後半の調査で、明確に絶滅の危機に瀕すると認定された植物のなかに、秋の七草のうちのフジバカマが数え上げられることになったのには、いささか当惑したことだった。

秋の七草は上代の人々の生活域周辺に咲く草花を取り上げたものである。それ以後、人の生活環境は甚だしい変貌を遂げている。そこで生活する植物たちの顔ぶれが変わっているのも当然である。

豊葦原《とよあしはら》瑞穂《のみずほ》の国の田園地帯はみどりの豊かなところである。しかし、もともとは鬱閉《うっぺい》していた森林を伐開し、人の食糧に資するために農地として開拓したところである。自然の状態は破壊し尽くされて、人工的な景観が展開している。そのようなところだから、森林に生きていた日本本来の自生植物の多くにとっては生きていける場所ではない。

ユーラシア大陸の東端からせり出して複雑な地形を描いている日本列島は、高温多湿という気象条件に恵まれて、もともと多様な植物の生育に好適な条件に恵まれている上、ヒマラヤ地域から温帯植物の豊かな遺伝子の供給を受けてきたこともあって、ほとんど全域にわたって安定した森林が発達してきた。

だから、わずかな平地や谷地、盆地を開拓して農地をつくったとしても、人為的な管理の手を抜くとすぐに森林に戻ってしまうのである。

農地の管理のために、人々は開拓した状態を勤勉に管理し、維持してきた。伐り開かれた場所は、高温多湿という条件に加えて、降り注ぐ陽光に満たされ、好条件が維持されているのだから、栽培する農作物はいうに及ばず、多くの植物にとって願ってもない生育の好適地である。もとからあちこちにあったに違いない裸地に生えていた植物たちは、耕される農地にまでは入り込めなくても、周辺の伐り開かれた土地に、開拓にともなって勢力範囲を広げたことだったろう。限られた在来種だけでなく、その他にも、列島の外から持ち込まれて定着した種があったことは容易に推定できる。

事実、史前帰化植物などと呼ばれて田園地帯に繁栄する植物は膨大な数に達する。その後も引き続き外来の植物が定着し続け、田園地帯には外来植物の占める割合が大きい。人為によって原始自然の状態から脱却させられ、里地里山と呼ばれるようになった領域には、在来種で生活場所を確保しているものと、開拓後に導入された外来種が共存し、結果として生物多様性がきわめて高い特殊な生態系を創り出した。田園地帯は年とともに落ち着いた環境を固定させ、また人の交流の増加にともなって意識的、無意識的に運び込まれる植物の数も増え、在来種と外来種が混成して、見事な調和を演じた。

現在の日本列島の植物のうちでも、ひとくちに外来種と総括されるものには、ごく最近導入され、一挙に旺盛に繁茂《はんも》してはいるものの、その場に定着するかどうかまだ判定不能なものがある。一方で、導入されてからすでに何百年もその場所に定着していて、今さらなくなる心配もない種もあれば、いわゆる史前帰化植物のように、準自生種とさえいいたい種もみられる。

秋の七草の危機

上代の、村落やその周辺に在来種の生育できる場所も十分あった頃に、秋の七草は選ばれた。万葉集にあげられた山上憶良の歌が秋の七草の原典とされる。もちろん、彼が特別に選んだというものではなくて、当時の人々にはこの七種が秋を代表する花とされていたのであろう。

今なら秋の花といえば菊をあげる人が多いだろうし、日本在来種にもさまざまな菊があるが、狭義の菊の類《たぐい》が秋の花の代表にあげられていないのはなぜか。ここはそれを論じる場ではない。

秋の野に　咲きたる花を　指《およ》折《び》り　かき数ふれば　七種の花
萩の花　尾花　葛花　撫子の花　女郎花　また藤袴　朝貌の花

ところで、万葉集の頃に秋を代表する七種のうちのひとつにあげられたフジバカマが、昭和から平成に移行する頃に編まれた日本で最初の維管束植物のレッドリストに、絶滅に瀕する種のひとつとして取り上げられている。二〇〇〇年につくられた最初のレッドブックにはフジバカマだけでなく、キキョウも載せられた。

フジバカマ（六甲高山植物園）

フジバカマ　フジバカマはキク科の植物で、日本の他、中国や朝鮮半島にも生育している。もっとも、秋を象徴する花といって、近世以降愛好される菊という響きに印象されるような花ではない。植物学的にはキク科植物であるが、キク科は二万種も知られており、菊人形で飾られる狭義の菊から想像されるような花ばかりではない。タンポポもアザミもフキも、といっても納得する人が、ヨモギもゴボウもキク科の植物だからといわれても容易に理解はしてくれない。フジバカマも素直に菊の仲間とは分かってもらえない植物のひとつかもしれない。

フジバカマはヒヨドリバナなどに近縁の植物で、ヒヨドリバナ属だけで五十種以上に分類されている。サワヒヨドリやヨツバヒヨドリ等、路傍《ろぼう》にふつうにある植物が含まれる。熱帯でいったん人手が入って、後に放棄された場所などに一面に茂る *Eupatorium odoratum*（ヒマワリヒヨドリという和名もつけられているらしい）もヒヨドリバナ属で、およそ菊という印象のない雑草のひとつである。

フジバカマが、上代に選ばれた秋の七草のひとつに入っているのはなぜか。上代の人たちの美的感覚には容易に理解できない部分もある。もっとも、秋の風景といっても、上代の日本列島の風景は、とりわけ人々が日常暮らしていた場所では、今とは根本的に違っていたことを承知しておかなければならない。

実際、今の田舎の風景から、史前帰化植物と呼ばれるものは残しておくとしても、外来植物をすべて取り除いてしまうと、今見ているのとはまったく違う景観が展開することになる。万葉時代の人たちが日本列島の自然をどのように感じ取っていたのか、現代に生きるわたしたちが追体験するためには、よほどしっかり現実の意味を見定めなくてはならない。

フジバカマは、洪水が生じると水が溢れ出すような河畔（氾濫原と呼ばれる）などに群生することが多い。ところが、河川改修で、堤防などが整備され、かつて氾濫原などといって放置されていた荒蕪地が、二十世紀後半には日本列島からほとんどすがたを消してしまった。治水のための河川改修でもあるが、土地の有効利用も進んで、荒蕪地などといって放置されていた土地が有効に活用されるようになったのである。

ただし、そうなると、フジバカマなどが旺盛に繁茂していた場所がなくなるということだから、フジバカマにとっては暮らしにくい世の中になる。実際、我が物顔に氾濫原などに生育していたフジバカマが、あちこちですがたを消すことになってしまった。

自分たちの生活場所としていたところが、人の都合で、人の利用に供するための開発という名の変貌を強いるのだから、そこに生きていたフジバカマなどの生き物たちは生活場所を侵害され、やがて、凄まじい力で展開する人の営為には敵わないと、あちこちの氾濫原などからいなくなってしまった。人間活動の影響を受けて、レッドリストに載る種のひとつに追いやられてしまったのである。

フジバカマという植物は源氏物語第三十帖に「藤袴」があることもあって、その名が古くから知られている。夕霧が玉鬘に、フジバカマの枝に添えて、

同じ野の　露にやつるる　藤袴　あはれはかけよ　かことばかりも

と歌を詠む場面がこの巻の題名につながるのである。

フジバカマは上流階級の間によく知られた花だったが、それはこの草が香草として利用されていたからでもある。フジバカマを香草として利用するのは古代中国の貴族階級の風習で、それが日本に伝わった。上代に、中国の風習を真似するのは、先進国に追いつけ、追い越せと学習に励む日本人の風習がその頃からの伝統であったことを示している。フジバカマは日本の他に、中国、朝鮮半島にも分布する。

生きているフジバカマは強い匂いを発することはないが、乾燥させると植物体に含まれているクマリン配糖体が加水分解し、オルトクマリン酸に変化するが、この物質が甘い香りを発する。そこで、フジバカマの茎と葉は乾燥させ、ドライフラワーにされて上流社会の人々に愛好された。夕霧も、玉鬘の気を惹くために、歌に香りを込めたというのである。

中国名でフジバカマは、香草とか蘭草という。フジバカマは絶滅危惧種のリストに載せられるほど人間生活の影響を受けて減っているが、植物のうちでいちばん危険が迫っているのはラン科植物であり、どういういわれでフジバカマが蘭草と呼ばれていたのか、千年以上も前に名づけられていた不吉な命名だったのかもしれない。

ところで、フジバカマが日本の在来植物であるかどうかには異論もある。フジバカマは自然のすがたが保全されている深山幽谷の植物ではない。自然度が低いように見える、荒蕪地のような環境にだけ生えていたので、上述のように香草として上代から人々に馴染みの深い植物であった。

古来、庭に持ち帰って植栽することも多かったらしい。実際、栽培は容易で、庭でも旺盛に生育する。香草に使うにはとても都合のいい植物であった。こうなると、たいへん人間臭い植物になってしまう。

このようなフジバカマをみれば、この種は古く中国から導入され、日本に定着した外来植物ではないかと疑われたりもするのである。中国の文化の伝来と並行して、甘い香りといっしょに風乾された植物自体が中国から持ち込まれ、たまたま付いていた種子が落ちて人に近いところで発芽し、旺盛に生育したとか、もっと積極的に、香草に使うべく中国から栽培用に導入し、逸出して野生化した可能性だってないわけではない、というのである。しかし、中国の植物と詳細に比較しても、フジバカマが日本在来の植物であることを疑う余地はなさそうである。

現に、氾濫原のような場所だって、人為的につくり出したものではなくて、純粋に自然界にもある立地である。フジバカマは、新人の到来より前から、日本列島で、自然の立地でもある氾濫原のような荒蕪地に生育していたものだったのだろう。

そして、嬉しい事実もつけ加えておきたい。二十世紀末にはレッドリストにあげられたフジバカマだったが、その後心ある人たちによって注意深くその生育が維持され、二〇〇七年に公表されたモニタリングの結果では、レッドリストから外してよい準絶滅種と判定された。

気付かぬままに絶滅の危機に追いやられた植物が、それを知った人々の配慮によって再び安定した生育状況に戻ることもそんなに難しいことでもないのである。

キキョウ　万葉集でいう朝貌は、今、アサガオと呼ばれている植物ではなくて、キキョウであるという考証が定まっている。キキョウだとキキョウ科だし、今、夏の朝花開くアサガオはヒルガオ科サツマイモ属だから、植物学的にはまったく違った植物である。アサガオも薬草（牽牛花《けんぎゅうか》）として奈良時代に遣唐使が持ち帰ったという説もあるが、それよりも前、万葉時代に朝貌と呼ばれていた植物はキキョウであるというのである。

もっとも、アサガオは新世界原産の植物だから、コロンブス以前の奈良時代に導入されるはずはない、という議論もあるが、この問題もここで取り上げることは避けておこう。

キキョウは日本全土に自生する他、朝鮮半島から中国、東シベリアに分布する。薬草で、根茎にサポニンを含み、風乾したものは生薬《しょうやく》として利用される。生粋《きっすい》の在来種らしく、人が持ち込んだなどという疑いがかけられることはない。

キキョウは決して珍しい植物というのではなかった。山野の草地によく見られたのである。夏の日、青紫の大きな花をつけ、

キキョウ（榛名山）

まさに秋の七草と呼ばれるだけの魅力を振りまいてくれる。それが、なぜ絶滅危惧種のひとつに数えられることになったのだろう。

第一の原因は、生育地の荒廃である。キキョウが生えているのは、里地里山と呼ばれる、人の暮らしに支えられていた場所である。雑木林は周期的に伐採されたし、カヤ場と呼ばれていた場所は頻繁に草刈りや落ち葉掻き等の人手が加わっていた。ここでは、人手の介入は、自然破壊と呼ばれるような壊滅的な活動にはならず、自然と共生するみどり豊かな環境の維持につながっていた。

しかし、一九六〇年代頃からの、いわゆるエネルギー革命にともなって、里地里山は人々の管理から外れ、放置されることになってしまった。整備されていた里山林は里山放置林となって荒れ放題になっているし、草地は草茫々《ぼうぼう》である上に、雑木の侵入によって森林に変貌しつつあるところも多い。キキョウが美しく咲いていたような場所がすがたを消したのである。こうなっては、いくら在来種で日本列島の風土に馴染んでいたといっても、キキョウが安閑《あんかん》と暮らしていける場所ではなくなってしまった。安閑と暮らしていけないのだから、急激に個体数を減らし、このまま放置しておけば近い将来絶滅してしまうに違いないと推定されることになってしまったのである。

もっとも、この生育地、もともと日本列島に広がっていた自然環境というよりは、人の営為によって広げられた場所である。人為によって維持されていた場所が、人の活動の減退にともなって荒れる。

こうなると、二次的な自然に生きている植物たちに旺盛に生き続けてもらうためには、わたしたちはどうしたらよいのか、もうひとつ別の問題にも直面することになる。生物多様性国家戦略（第二章第三節）でいう日本における生物多様性の第二の危機とそれに対する対応策の課題である。

次に危ない植物たち

キキョウやフジバカマは、個体数が減っているとはいっても、それほど深刻な状態に追いやられているわけではない。

絶滅危惧種を、植物を材料に話す時には、話題として分かりやすいので、まず取り上げられることにはなるものの、秋の七草が間もなく五草になってしまう心配はそれほど大きくはない。しかし、話題性からではなくて、実際に日本列島の自然に及んでいる危機が、さまざまな植物にあらわれている実態をもう少し正確に、かつ詳細に見ておきたい。

第一群として取り上げたいのは、九〇年代には一時危険視されたものの、その後危険度が減っている種である。その植物を二、三例示しておこう。

八九年にいわゆるNGO版のレッドリストが刊行され、その後環境庁（後に省）の調査にもとづく二〇〇〇年のレッドブック、引き続き二〇〇七年には最初のモニタリングの結果も公表された。それらの記録から抜粋しての紹介である。

ムラサキ　昔から紫色は高貴な色とされたようで、根っこ（紫根）から紫色の染料が採取されるムラサキは、上代から栽培されていた有用植物である。最近、自然染などということで、紫根染めが趣味の対象として、日本の伝統を尊重する人々の注目を浴びている。

『万葉集』巻一に収められる額田王《ぬかたのおおきみ》の、

あかねさす　紫野行き　標野行き　野守は見ずや　君が袖振る

の歌も、ムラサキが栽培されていた御料地を背景に詠まれた（あるいは、それを念頭に宴

ムラサキ

席で詠まれたとの解釈もある）歌とされる。

この植物も、過剰に採取されたことが数を減らす原因になった。古くから栽培されていた種ではあるが、野生型では種子の発芽率が低く、ウイルスなどの病害にも弱く、慣れない人には栽培は容易ではない。さらに、生育地の草原が開発の対象となったことも、危なくなった理由のひとつなのだろう。人々の注意が行き届くようになって、危険度が多少減ったとはいえ、危険な状態に変わりはない。

サギソウ　サギソウ（一五ページ参照）は可憐な花である。鉢植えにされて花が咲いているのを見れば、山草好きの人にはたまらない程の魅力にあふれている。山採りで集められたものは、ほとんど元手がかかっていないので、価格もそれほど負担にはならない。気楽に買って花を観賞できる。

ところで、多年草だから、花が終わってからも世話をしてやれば、次の年にもまた花を咲かせてくれるはずなのだが、手頃な値段で買ってきた鉢植えは切り花と同じような感覚で、花が終わったらどこかの片隅に追いやられ、しばらく灌水《かんすい》もせずに放っておくと、枯れ葉になってしまいゴミかごへ行くことになる。

次の年も買ってきて、また花を観賞し、花が終わったら生き物扱いは忘れられる。花を楽しむ人はそれでいいとしても、サギソウにしたらたまったものではない。自然界で咲き誇っていた仲間がどんどん掘りとられ、瞬く間に個体数が激減した。

おまけに、もともとサギソウの生えていたような湿地が干上げられ、造成地とされてしまって、そもそも生きていく場所がなくなってきたのは、フジバカマなどと同じことである。サギソウの個体数は昔の半分くらいに減っていると推量される。

もっとも、この種も、危険な状態が周知されるようになり、過剰な採取からお目こぼしにあずかっているのか、極端に危険な状態からは脱しつつあると評価されている。

アツモリソウ　栽培家の興味を惹く植物は、山草屋さんの餌食になる。この花も、まずは過剰な採取の害を受けたものだろう。花の名に刻まれた平敦盛のように、生き続けるのが困難な状態に追いやられる。

もっとも、二〇〇七年のモニタリングの結果では、この種も危険度のランクを下げていいという判断になっている。花が目立つ種だが、危険であると分かれば人々の関心も集めることのできる種ということだろう。

フクジュソウ（東京大学植物園）

フクジュソウ　日本列島で絶滅危惧植物が話題になった当初から、危険な種の象徴的な例にあげられてきたフクジュソウだったが、二〇〇七年のモニタリングの結果では、レッドリスト掲載種から除外することができた。

元日草などと呼ばれ、正月の飾りに使われる草花である。自然状態では、旧来の名前が示す通り、旧正月の頃に花咲くものであるが、栽培条件で花期を調整することは容易で、一定期間温室などで常温よりも高い温度で栽培すると、花芽の形成が促進され、期待した時に花を咲かせることができる。

もともと咲くはずではなかった現在の暦の正月に花を咲かせ、需要に応じて売り出されることになった。正月に咲き、福と寿というめでたい字を連ねた名前をもらっている上、花そのものも結構華美で人々の受けが良い。高度経済成長にともなって人々の生活が少しずつ落ち着いた頃から、売れ行きは良好となり、そうとなると草花を扱う店では大量に仕入れることになった。園芸用の馴化《じゅんか》が進んでいたわけではなかったので、栽培で増やすより、山野で咲いている株をごっそり採ってくる方が勝負が早いと、大量に集められたらしい。

一時は国内だけでなく、朝鮮半島からも大量に輸入されたとさえ聞く。いくらふつうにあるからといって、金に飽かして大量に掘りとられたのでは、植物の方もたまらない。一九八九年のリスト以来、危ない植物のひとつに数えられる象徴的な種になっていた。

フクジュソウが好んだ環境の落葉広葉樹林の林縁などの野生地が開発の対象になったという理由もあるが、この植物が極端に数を減らしたのは、やはり過剰な採取によるものだったのだろう。しかし、絶滅危惧種の象徴となる種のひとつだったフクジュソウは、二〇〇七年のモニタリングの結果では、ひとまず危ない植物のリストから外してもいいことになった。過剰な採取という人為の圧力が弱まっているせいであることは間違いない。過剰な採取に見舞われたのは、正月花としての強い需要の圧力である。

しかし、レッドリストの象徴種になるのでは、関係者もむやみに採取するわけにはいかないし、取扱店でも山取りの株を大量に買い取ることは躊躇される。もともと栽培が難しい種ではない。広く栽培されているので、突然変異株などから多様な栽培型が作出されているし、大量の需要があるとすればそれに対応した栽培をすることだって難しいことではない。事情を知った業界の人も、絶滅危惧という汚名を取り除くために、それ相応の対策を講じたのだろう。

その結果、人々は正月に花を観賞する株を購入することができるし、生育場所は狭まっているとはいうものの、山野で生き続ける自生株も過剰な採取を免れて勢力を回復するだけの余裕をもつようになった。

現実に起こっていることを知り、それに対して望ましい対応をとりさえすれば、多くの人が美しい花を観賞してこころに癒しを得ても、それがそのまま自生の植物を絶滅の危惧に追いやるようなことはないのである。まず、現実に起こっている実態を知ることである。フクジュソウは早春に花が咲き、その後短期間は雑木林の林床に葉を広げて同化作用に励み、林冠がみどりで覆われ、日照が林床に届かなくなった夏以後は、発達した地下茎が栄養分を蓄えて静かな眠りに入っている。

このような生態を示す草花はスプリングエフェメラル（春の妖精）などと呼ばれる。カタクリやニリンソウなどもその代表例である。落葉広葉樹林は温帯林で、日本列島では北方に発達するが、潜在植生が照葉樹林である地帯でも、人の営為によって里山林として維持されている範囲は列島の中南部にも及んでいる。スプリングエフェメラルは、人為の影響も受けて、その生育範囲を広げたものと推定される。

これらの他、霞ヶ浦のアサザ計画の象徴種となったアサザ、愛知万博の際にも話題になったシデコブシなど、人々の努力が実って、少しは安定に向かっている植物もある。栽培を目的とする過剰な採取には、種の保存法が成立した頃（一九九二年）から、少しずつ精神的な規制が加わってきたせいか、まず山草屋さんたちが問題の本質と過剰な採取を続けることの愚を理解して、当面の儲けだけではないもっと大切なものを維持していく方向で自己規制もされるようになった。

もちろん、たくさんの山草屋さんのうちには、自己規制のできない人がいないわけではないが、このような人たちはどこの領域でもしぶとく生き続けているものである。これは社会全体が、自分の個人的都合を乗り越えて、あくどい人たちの不善を徹底的に咎める姿勢にならない限り根絶できるものではない。

過剰な採取による被害は、認識の改善さえ見られれば取り除くことが期待できる課題であるが、環境変動による被害は、環境変動を抑制しなければよくならないもので、問題の根はさらに深い。

第二群は、危険度が増してはいないとしても、一向に低下する見通しのないものである。このうち、人の行為によって維持されてきた里地里山の放置、荒廃にともなうもの、依然として続く過剰な採取によるもの、などがある。

過剰な採取によって危機に追いやられている例として取り上げるのは次の草本である。サギソウ、アツモリソウも含めたラン科の植物など、この群からなかなか取り下げられない。もっとも、そのラン科のうちでも、サギソウやアツモリソウの他、エビネやトキソウなど、危険度が多少低くなっている種もあるように、対策さえきっちりすれば、まだまだ回復、安定への夢をつなぐ可能性も残されている。とはいえ、ラン科のうち、シコウラン、ヘツカラン、キンラン、ユウシュンラン、クマガイソウ等、モニタリングの結果でもランクを変更できないでいる種も数多い。

二〇〇七年のモニタリングで新たに絶滅危惧種と認定された種が百八十四種に上るが、これらの多くは、これまで調査が十分でなかったものの、日本の植物相の動態についての調査研究が進んだために、現状が正しく認識された種であり、新たにこの期間に危ない状態に追いやられたものばかりではない。あまりふつうに知られている種ではないが、ヤエヤマホラシノブ、ミョウギシダ、イイデトリカブト、ツクシコゴメグサ、ゴマノハグサ、ギボウシラン、ムニンヤツシロランなどの名前がみられる。

第三群としてあげるべき例は、地球温暖化など、人為の影響を受けた地球環境の劣化にともなって生存に危機が迫っている植物たちである。

実際、わたしたちが自分の目で見ている範囲だけでも、ここ何十年かの間に、身の回りで見る雑草の顔ぶれもずいぶん変わってきた。里地里山など、外来種が比率高く生育している場所に限らず、分布範囲を北へ広げた野生植物の数も少なくない。その結果、もともとその場所に生きていた生き物たちが生存競争に遅れをとることになる例も知られる。

なお、日本の絶滅危惧植物にはどのような種があるか、環境省のホームページでも紹介されているし、すでに刊行された書（岩槻、一九九九など）で紹介している。

コラム1　ムニンノボタン——絶滅危惧植物の象徴種

一九八〇年代初頭、ムニンノボタンは小笠原諸島の父島に固有のものがたった一株残っているだけと知られていた。

現地でも、自生地での回復を期待して、種子からの発芽など、人工的にも増殖が試みられたが、成功に結びつかなかった。東京大学植物園の下園文雄技官（当時）は、小笠原諸島の絶滅危惧植物

ムニンノボタン（小笠原諸島）

の人工増殖に植物園内で取り組んできた。ムニンノボタンも対象種のひとつとし、現地の人たちから材料の提供を受けていた。

野生種の栽培に特殊な才能を発揮していた下園文雄さんは、残された一株の生育地の状況の調査から、ムニンノボタンにふさわしい光環境や水環境を整え、挿し木からの増殖に成功した。植物園で増殖された株が父島に再導入され、地域の人々の絶滅危惧種への関心を高めた。

ムニンノボタンの再導入の事業は東京大学植物園の事業として展開され、やがて環境省の委託事業として、東京都、とりわけ小笠原支庁との協働で進められ、順調に成果をあげてきた。一九八六年には国際誌にも紹介され、日本から発信する絶滅危惧植物の現地への再生事業として最初の事例となった。その後の長期的な管理と観察記録は、絶滅危惧種の再

ムニンノボタンの植栽風景（いずれも小笠原諸島の父島）

生のための貴重な資料である。

ムニンノボタンの再生事業は、生物多様性の滅失について、日本の研究者の多くさえもが無関心だった頃に、絶滅危惧種をモデルとした調査研究にもとづき、自然再生の象徴になる取り組みをした最初の事例だった。

その後、自然再生がより広く活動の対象となってから、種や個体に集中しすぎた取り組みで、周辺の生態に害となっている側面があると批判する人たちがあった。当事者は、それを覚悟で、しかしこの問題についての認識を深めるためにはまず活動の成果を示そうとして、モデル植物に集中した事業を行ってきたのであり、その継続発展は今もまだ現在的な意味をもっている。

一九九〇年代には、毎年のように社団法人

日本植物園協会が東武百貨店池袋本店で植物園展を開催したが、年とともに、「ああこれが絶滅危惧種のムニンノボタンですね」などと話しながらみてくださる人が増えてくると、この問題が少しずつ浸透しつつあることを知って勇気づけられたものだった。

ムニンノボタンの再生事業は、種の再生の事業に閉じることなく、近縁種のハハジマノボタンとの異同の解析にもつながり、種多様性の研究を促すことにもなったし、後には父島で別の群落も発見されて、その消長がもうひとつの研究課題となってもきた。

社会貢献につながる事業であっても、基礎的な研究と遊離してしまっては、事業は浮き草のようにはかなくなってしまう危険性がある。

第二章　生物多様性とは何か

日本列島からすがたを消そうとする植物が、実に多彩であることを最初に瞥見《べっけん》した。問題はきわめて深刻である。

もっとも、典型的な日本の絶滅危惧種の例に、桜があげられることはない。とりわけ、春の列島を彩るソメイヨシノや八重の里桜など、栽培品種でよく知られている桜については、数が増やされることこそあれ、絶滅の危機に瀕しているという心配はまずない。桜にとっては安心なことかもしれないが、それがなぜかも考えてみる余地はあるかもしれない。

ところで、なぜ豊かな日本列島の植物相に、歯が抜けるように絶滅種が数え上げられるようになったのか、日本列島の自然、生物多様性の現状にどういう変化が生じているのか、まずはじめに種の絶滅の原因は何かを探ってみよう。

第一節　種の絶滅

生き物の寿命

生物の種の生命は永久に続くものではない。種にも寿命がある。だから、種の寿命が尽きるのは自然の理《ことわり》でもある。種の絶滅は、自然現象でもあるのだ。

また、進化の過程における種の移り変わりだけでなく、生命には外からの影響を受けた事故死ともいうべきものもある。過去の進化の歴史のうちには、種の大絶滅が五回も記録されている。

五回の大絶滅とは、オルドビス紀末（四億四千四百万年前）、デボン紀末（三億七千四百万年前）、ペルム紀末（P-T境界、二億五千百万年前）、三畳紀末（一億九千九百六十万年前）、白亜紀末（K-T境界、六千五百五十万年前）に生じたもので、それぞれ地質年代の区切りにもなっている。

絶滅の原因はいろいろあるらしく、最後の白亜紀末は、大隕石の衝突とそれにともなう自然現象に触発されたものと推定され、恐竜が絶滅したのに加え、すべての種のうちの七十パーセントが絶滅したと推定されている。ペルム紀末の絶滅は、その頃生きていた海生物の九十六パーセントが絶滅し、三葉虫は決定的な影響を受け、地球上の全種の九十から九十五パーセントが絶滅したといわれている。

ここでいう絶滅とは、種の寿命が尽きて別種と交代する自然現象とは別の、突発的な事故だったといえる。
個体や細胞と同じように、種にも自然の寿命があるが、これこそが生き物の生き物らしい本性で、三十数億年生き続ける地球上の生命は、担っている基盤である個体や細胞などを一定の期間が過ぎると脱ぎ捨てながら、新しい基盤に乗り換えて限りなく生き続ける。

生き物はすべて地球上に生命が発生した三十数億年前から、連綿と生き続けている生命をもっている。しかし、その生命を担っている物質的基盤である原子も、分子も、細胞も、個体も、そのままのかたちで永続するものはなくて、頻繁に新しいものに置き換わっている。

生き物は、多細胞体であっても、からだを構成する個々の細胞それぞれが、種が示すべき性質すべてを担っているという事実について、クローン羊のドリーが誕生した際にも、十分に語り尽くされた。生殖細胞でなくても、一個の体細胞が、羊の個体をつくり出す遺伝的な制御をする情報をひととおり備えているのである。
そのことは、理論的には知られていたが、脊椎動物のカエルが実験的につくり出された（最初に成功したガードン博士はすでに一九八八年に国際生物学賞を受賞していたが、二〇一二年になってノーベル賞でも顕彰された）ように、もっと人に近い、哺乳類のヒツジでも人工的に導き出せることが実証され、生物学の専門家でなくても容易に理解できるようになったのだった。

人のように、六十兆個もの細胞を集めてひとつの個体をつくっている多細胞生物でも、個々の細胞の核には、自分であることを示す遺伝子を一組もっているので、一個の細胞から全体を復元することが（少なくとも理論的には）可能である。ただし、そのような能力をもつ細胞であるが、生まれてから新陳代謝が激しくて、個々の細胞の寿命は（神経細胞のような特殊な細胞を除いて）、個体の寿命に比してはるかに短いことが知られている。

何の某《なにがし》と呼ばれるある個体の性質は、細胞がたった一個あれば、そこに完全無欠に収蔵されているが、頻繁に細胞分裂を行っていて、もとの細胞のままのすがたにとどまる期間は限られている。もちろん、分裂の結果つくり出される二個の娘《むすめ》細胞には、母細胞と同じだけの、何の某であることを示す情報が正確に伝達され、収蔵される。

個体の寿命については、ここであらためて語る必要はないだろう。人の寿命の限界は平均的には九十年くらいといわれる。それぞれの生き物の種によって、自然の状態ではどれくらいで寿命が来るか、治療のような診療行為も含めて、人為的な操作を加えると、寿命がどれくらい延長できるか、これは今では社会的に重要な関心事である。

この生き物の論理のうちで、自然界に生きている野生の種にも、永久に存続するものはなくて、何千万年という単位でかもしれないが、新しい型に置き換わっている。もちろん、原則として、なくなってしまうのではなくて、寿命が来る前に新しい種を分化、形成している。

種にも寿命があり、その寿命が尽きる前に、いのちを引き継ぐはずの新しい種に遺伝情報を移譲しているのである。すなわち、自生種も、いつかはその生命を閉じ、新しい種と置き換わる。種の消滅は生物進化の過程における必然の運命なのである。

種の寿命

本書で問題としたい種の絶滅は、人為の影響によるものである。

生き物の在り方に注目してみると、地球上に三十数億年前にすがたを現した生命を一貫して生かし続けながら、その生命を担荷している生命体は、一定の期間を経ると交代している。個体の生命を見ても明らかである。

生き物は、次世代のこども（自分の担っている生命を引き継いで担荷する生命体）を生産すると己の生命を絶つのを原則とする。こどもどころか、孫や曾孫まで元気で生活するようになってもなお生き続けるのはヒトの老人くらいである。

個体だけでなく、細胞も永久には生き続けないし、同じように、種も一定の期間生きると新しい種に置き換わる。有性生殖を進化させた動植物などでは一般に、種の寿命は千万年単位の長さと計算されることもある。もっとも、遺伝子突然変異を集積して新しい種が形成されるのに百万年単位の時間がかかるという計算もあるので、とてつもない長い時間のかかる話である。長い時間というのは、人の一生と比べてのことであるが、三十数億年の生命の歴史と比べてみれば、それもあっというほどの短時間というべきかもしれない。

自然界でも滅んだり新生したりしているのが種の実体だから、種の絶滅に大慌てすることなどないではないかという人がある。種が絶滅して滅んでいる反面、外来種が生物相を多様にしている話もあるし、時間をかけて、とはいうものの種の新生も期待できるではないかという。

種は、細胞や個体のように、簡単に視認できるものではない。それでも、種にだってそれぞれに寿命が定まっている。生物は地球上で三十数億年の進化の歴史を刻み、最初たったひとつの型だったものが、膨大な数の種に多様化してきた。生物の進化は、そのまま多様化の歴史であるともいえる。

しかし、これは単純に数が増えただけの変化ではなかった。生き物の特性として、個体に死が訪れるように、種もまた相応の年限生き続けると自然死（絶滅）に追いやられ、新しい型に生き場所をゆずる。

それ自体の寿命が来ての、自然現象としての絶滅だけでなく、事故死に相当する種の絶滅もあった。前にも述べたが、過去に、五度にわたる生物の大絶滅があったとされる。これは大隕石の衝突のような事故がきっかけとなって、地球環境に大変動がもたらされ、地球上に生存していた種のうち、酷い例では九十パーセントもの種が絶滅したとさえ推定される。このようなきびしい現実に遭遇しながら、今では、認知されているのは二百万種に及ばないとはいえ、実際には数百万種か数千万種、多く見積もる人たちは億を超えると推定するだけの数に、地球上の生物種は多様化している。

だから、生物の世界では、種が絶滅するのは決して特殊なことではない。それにもかかわらず、生物種の絶滅を大きく取り上げ、危機意識を鼓吹しようとするのはなぜか。その理由は、今わたしたちが直面している種の絶滅は、事故死のことを考えてもなお、自然現象とはいえないものだからである。

小学生でも、高学年になれば、自然の反対語が人為・人工であると理解する。それを前提に、現在わたしたちが問題にしている種の絶滅を考えると、それは、生物多様性国家戦略（第三節）が第一の危機に数え上げているように、人間の活動や開発によってもたらされる現象である。

まさに、人為的な影響の結果であり、自然現象と逆のものである。しかも、その現象は、過去の大絶滅とは決定的な違いを見せている。九十パーセントに及ぶ種を絶滅に追いやったと推定される大絶滅の際も、きっかけとなったらしい大隕石の衝突があってから、地球環境に変動がもたらされ、種の絶滅にいたるまでの間には、数十万年の時間がかかったと推定される。

それに対して、現在の人の活動の変化は目の回るほどの速さで展開しており、わたしたちが危惧している種の絶滅は、過去五十年の間にさえ、目に見えるような変動を描き出している。何十年か後までに絶滅にいたる確率の計算をするだけで、膨大な数の種が危険度の高いランクに評価されてしまう。その意味では、現在わたしたちが直面している生物種の絶滅の危機は、これまで地球上で演じられてきた生物の進化の歴史では経験してこなかったほど急速に進んでいる現象なのである。

種が絶滅する原因

大隕石の衝突などをきっかけとした地球環境の変動という自然現象は理解したとして、それでは人為的な理由による生物種の絶滅はどのようにして生じるのか。抽象的に答えるなら、人間の活動や開発の影響である。しかし、それを分かりやすく説明するとどういうことになるのだろうか。

絶滅危惧種は生物多様性が演じる現象のうちで、科学的に捕捉しやすいものだから、生物多様性の動態を示すのによいモデルになる（第三節）。しかも、現象を数値に置き換えて捉えることができる。しかし、ここでは、絶滅をもたらす理由を示すためには、きわめて感覚的な方法を用いることになってしまう。

一例としてラン科のキンランを考えてみよう。黄花のキンランや白花のギンランは、疎林の林床にふつうのラン科植物だった。わたしのこどもの頃には、田舎の低山地帯でふつうに見られた。それが、レッドブックを編む頃には絶滅危惧種Ⅱ類（ＶＵ）にリストアップされる状態に追い込まれていた。

人家近くの疎林といえば、里山林である。里山林は古来人々が薪炭材を周期的に採取し、利用したために整っていた森林である。しかし、中山間地帯ででも、石油が低価で容易に入手できるようになった一九六〇年代頃には、田舎でも薪を集めることがなくなってきた。里山は放置され、荒廃し始めた。結果として里山林の管理作業になっていた周期的な伐採や、枯れ枝拾い、落ち葉掻き等をしなくなったのだから、管理されない里山は荒れるに任される。自然に戻るといわれるが、戻るのは数百年先の話で、それまでの間は放置された荒廃林の状況が続くことになる。人為的な管理の続いていた場所は自然の状態とはかけ離れたものだから、そこに自然が回復するのは自然に任せておけば百年単位の時間を必要とするものだからである。

里山林が荒廃すると、夏緑性広葉樹の林だったいわゆる雑木林は、同時並行で進んでいる地球温暖化の影響も受けて、日本列島では相当北の方まで徐々に照葉樹林に置き換わる。林床は年中樹冠に覆われることになり、スプリングエフェメラルなどと呼ばれる早春の草花が生きづらい環境になる。

キンランは雑木林の林床に生えていたが、そこが常緑林になり、荒れた林になると、美しい花を誇っていることもできなくなる。本州から九州にかけての分布域全体で、個体数の激減が見られたのである。

戦後の急速な復興のおかげで、経済的に落ち着いてきた頃から、日本人の自然好きの感覚が戻ってきた。とはいっても、かつてのように自然のなかで野生と触れ合うような楽しみ方はできなくなっている。

そんなある日、あるお父さんが山草屋さんの店先に並ぶランの花に魅了され、値段も自分の財布に合っているので、つい買い求めて自宅で観賞する。買ってきたお父さんの行為は家族に好感をもって迎えられ、ますますいい具合である。

ところで、気楽に買い求める人の数が増えてくると、商品の仕入れにも精が出る。もっぱら、野生の株を掘りとることで成り立っていて、里山の荒廃で減少している個体数は、売り上げを期待して丁寧に採取されると、あちこちで生存株が根絶されてしまう。

買って帰った人も、丁寧に世話をすれば翌年も花が見られるのだが、安価に買い求めた人の多くは、生きた株にも切り花のような感覚で接するものだから、花が終わってしばらくした頃には株が乾燥して枯死してしまう。それでも、まあいいや、安いものだ、来年もまた山草屋さんで手に入るだろう、ということになる。

さて、そのような不遇の積み重ねで、キンランは絶滅危惧種Ⅱ類に掲載される種になった。自然を愛好すると思っている人たちの不注意な行動が、野生種の生存を危機に追いやっていたのである。

ただ、このキンランの危機の原因を整理するとすれば、里山の荒廃と取引のための過剰な採取との割合がどれくらいか、正確な計算ができるだろうか。

両者が相乗しているとはいえるものの、減少の原因の何パーセントが過剰な採取、などという評価は不可能である。だから、野生種に迫る危機の原因を追うといっても、里山の荒廃と過剰な採取の両方が原因になっている、などと漠《ばく》とまとめてしまうことになる。

さらに、ここではキンランの例で考えてみたが、種の生存にかかわる外部環境の影響は、個々の種によって被《こうむ》り方が異なっている。影響を受ける原因がさまざまで、その影響の受け方が個々の種によって異なっていて、しかもその割合は数値で表現できるものではないというのだから、種に加わる人為の影響の内容を、科学的に表現することは絶望的に難しい。生物多様性が示す諸現象は、種ごとに種特異性を示すところに特性があるのだから、統計的にまとめてみて進化の過程で顕現する原理に結びつくというようなものではない。このことが、一般論として生物多様性を語る上での難しさを如実に示している。

そのことを承知の上で、日本の植物に加わっている人為の影響を、大雑把に数字にして表現すると、絶滅の危機に瀕する植物種のうち、約三分の一は森林の伐採、草地や湿地の開発、道路やダムの建設など、開発行為の影響を受けたものであるし、別の三分の一は、園芸用などの過剰な採取によるもの、そして残りの三分の一弱は踏みつけ、増加したシカなどの食害、それに地球環境の劣化にともなってもともと希少であったものがすがたを消すことになった、と推定される（我が国における保護上重要な植物種および植物群落の研究委員会植物種分科会、一九八九）。次にその三つの影響を詳しく見てみよう。

一、開発行為

開発行為は対象の土地のすがたに変更を迫るので、その場所の生態に適応して生きてきた生き物の生存に、絶対的な影響を与える。生育地がなくなるのだから、生きていけなくなってしまうのである。いちばん分かりやすいのは、沼沢地や湿地の干拓である。住宅や工場などをつくる土地を造成するために乾燥させてしまうと、もともと水に浸かるようなすがたで湿地に生きていた植物たちは、丘に上がったカッパさながら、生きていくことができなくなってしまう。

薄暗い森林の林床に生えていた草本たちも、樹冠が切り払われて陽光が自在に降り注ぎ、空気も乾燥すると、これも生きていけなくなってしまう。道路の建設や宅地の造成で、直接掘り返された場所の植物が生き続けられなくなるのは、もっと分かりやすい状況である。直接的で、分かりやすい枯死だけでなく、森林のなかに道路が入り、路傍に、陽光に強い陽地植物が繁茂するのに圧倒されて、林縁の植物相が変貌することもある。それまで安定した環境で平和な生を営んでいた生き物たちに、生存の危機という厳しい現実が迫ってくるのである。

もっとも厄介な例として、伐り開かれた場所に侵入した植物が林中の種の近縁種だった場合には、近縁種間の交雑が促され、浸透交雑が進んで、森林中に相当広く遺伝子の汚染が拡大する場合もある。開発が自然の植生に与える影響は、目に見える範囲だけでなく、予想外に広く展開するのである。

二、過剰な採取

過剰な採取についても、薬用植物の採取などが例にあげられることがある。だが、これは特殊な例に限られてもいる。薬用植物の場合、種の地域的な変異が効能に関係するのか、同じ種でも特定の場所の材料が珍重されることがあるし、遺伝子のせいだけではなくて、生育地の条件が左右するためか、積極的に原産地の近くで栽培されることもある。基本的には材料とする特定の種を人為的な条件に馴化させ、大量の栽培によって需要に応じる材料の確保が図られる。

実際に過剰な採取によって種の生存に圧迫が加えられるのは、山草ブームに乗って、絨毯的に山採りされた野草が商取引される場合である。自然好きが逆の効果をもたらし、栽培する個々の人が特に意識しないままに野生種の生存を圧迫しているのである。

伝統的に、日本人は野草を栽培する好みをもっていた。わたしは調査の時、山間地帯にひっそりと数軒だけの村落に立ち寄ることもしばしばだったが、そのような山間の集落で、周囲を山林、農地に囲まれておりながら、近くの野山から採取してきたに違いない野草を鉢植えにして家のまわりで栽培する例にしばしば出逢ったものである。何も、わざわざ家の傍に運び込み、灌水などの世話をしなくても、すぐ近くの山林で自然のすがたで観賞できるにもかかわらずである。

それでも、身の回りに運び込んで可憐な花やみどりを楽しむのである。もっとも、他人ごとではなく、わたしの母も、奥丹波の寒村で、家から数百メートルも歩けばふつうに行き当たっていたエビネやセッコクなどを、開放的で直接田畑につながっている庭の一画に植え、花を楽しんでいた。

それでも、自分で採取してきて植え込むなら、個体数も知れたものだし、生育地からなくなってしまうほど荒っぽい採取はしないものである。人為的な採取といいながら、まるで野生種のような行動をとるのが、ヒトといっても生物の一種と確認することになるような行為である。野生種の場合、餌になる生き物を、絶滅するまで食い尽くすことはない。ライオンはシマウマを餌にするが、シマウマが絶滅するまで食い尽くすことは決してしないのである。

商行為は完全に人為ということだろうか。人々が山草屋さんから鉢植えの野草を買って帰るようになってから、野生種に加わる人為的な圧迫は、一時期、種の生存を左右するまでに拡大した。買って帰る人は、小遣いでまかなえる範囲の買い物をして、味気ない都会の住居の雰囲気を潤す糧にする。

そのような好ましい趣味をもっている人は、現在の日本では、ごくわずかな割合だといっても、都会の膨大な数の人口を考えれば、結果として結構な数の人たちが野草を買って帰ることになる。

需要があれば、供給のために野草の採取が大掛かりになる。商目的の採取となれば、採取する人は野草を商品としか見なさない。生き物として、過剰な採取がその地域の個体群に絶滅をもたらすなどとは考えてもみないで、いかに良好な商品を大量に仕入れるか、と採取に専念する。やがて、あちこちで、大量に生育していた種でも、個体数が激減したという報告がもたらされることになる。

三、地球環境の劣化

もともと希少だった種が、いつの間にか、限られていた産地からすがたを消す、という事例も少なくない。それを、地球環境の劣化にともなうもの、と説明するのは分かりやすいが、どこまで個別に実証できているかは分からないままに、そのような説明を加えているだけ、という場合だって珍しくはない。地球環境の劣化、というと、最近では地球温暖化という説明が気軽に使われる。

実際、わたしが見ている間だけでも、日本列島における植物の分布にはずいぶん顕著な違いが生じている。都心の赤坂辺りを歩いていて、石垣に生えているホウライシダを見ると、思わず地球温暖化か、と呟いたりすることもある。もっとも、都心だと、ヒートアイランド現象も無視できないことも想い出してしまう。

しかし、植物の移動能力は種によって異なっているので、すぐに北上する種もあれば、なかなか移動できない種もある。温暖化に合わせて、きっちり移動できる種は、自分の最適温度帯に合わせて、新しい場所で旺盛に生きていくこともできる。しかし、移動速度の遅い種のうちには、いつまでももとの生育地でぐずぐずしていて、やがてその場では生きていけなくなり、かといって、北に向かって最適温度帯に移動するには間に合わず、とうとう絶滅してしまったという状況を招くものもあるだろう。環境変動に、自分自身が対応できないで絶滅する、分かりやすい例である。

さらに、気候変動などの環境の変動があったからといって、それに対応する種の移動は種によって特異な様相を示すのだから、植物相＝生態系がそのままのすがたで、ごっそり移動するなんてことはありえない。こうなれば、早く移動する種も、移動に間に合わない種もあるのだから、せっかく長い進化の歴史を経て安定している生態系に、想定外の混乱が生じることになる。この混乱に耐えられないで、やがて生存できなくなってしまう種も続出することになるのである。実際、環境変動にともなって絶滅に追いやられる種には、このケースが圧倒的に多いのだから、具体的に個々の種に脅威が訪れるのはもう少し先になるのかもしれない。

しかも、地球環境の劣化という場合、ここでいう人為的な影響によるものがどれで、地球の進化の過程で自然に生じる変化がどれか、識別するのは難しい。現在の科学の知識で識別できないものもあるし、科学が識別することのできる対象でない場合もあるかもしれない。

しかし、人為が地球環境に与えている圧迫が決して小さくないことは否定できない事実である。この項目を、種の絶滅の原因として、人為的な活動の影響のうちにあげることに異論はない。

第二節　人為が及ぼす影響を知る

日本語の自然という意味

わたしたちが直面している種の大絶滅の危機は、これまで地球上で見られた五回に及ぶ絶滅と違って、人の営為によるもので、これまでの絶滅と比べて特別に速い速度で進行している、と述べた。

ところで、人もまた、生物の進化の過程で生じた多様な種のうちのひとつである。その人の営為は自然現象と何が違うのか、人為を自然と区別する根拠とは何なのか、整理しておこう。

日本語に古くからあった自然と、明治時代に欧米語の nature の訳語として用いられるようになった自然とはだいぶ異なっている。

中国語の自然は、もとは老荘思想を表現する際に使われ、無為自然という考えが述べられた。おのずからに自然に、という意味で、人為はそれに対立するものとし、排せられた。老子は、道は自然に法《のっと》る、とし、万物が自《おの》ずから然《しか》る、ことを重んじたのだった。中国でも、現在使われる自然という語は欧米の nature の訳語として理解されており、自然科学の領域などではふつうに用いられている。

日本では、十一世紀末から十二世紀にかけてでき上がったといわれる『類聚名義抄《るいじゆみようぎしよう》』にすでに自然という字が見られる。ここでは、おのずから、の意で理解したようだが、この頃には、万一のこと、の意で、人の力ではどうにもならないこと、を示すように使われることもしばしばだったようである。

たとえば、『保元物語』では「官軍勢汰へ……」のところで「此御所は分内狭くして、自然のことあらん時……」とか、『平家物語』巻七の「一門都落」では「自然の事候者、頼盛かまへて……」とか、『太平記』巻九「足利殿御上洛事」では「公達未だ御幼稚に候へば、自然の事もあらん時は……」と、いずれも同じ用法である。無住国師の説話集『沙石集《させきしゆう》』にも、巻第八の十七に「自然の事もあれば先に立ちけり」と使われる。

また、〝じねん〟と読む時には、「おのずからそうなっているさま、天然のままで人為の加わらないさま、あるがままのさま」(『広辞苑』第六版)の意で、しぜんと読む場合と少し異なった意味に当てられてきた。『源氏物語』の「帚木《ははきぎ》」には左馬頭の結論のところに「耳にも目にもとまること、自然《じねん》に多かるべし」とある。

一方、西欧で自然の意味で用いられてきた語は、古代ギリシャまでさかのぼってみれば、

physisという語に行き着く。物理学は英語ではphysicsであるが、その語源は古代ギリシャで万物の根源を指したphysisにさかのぼる。この言葉がラテン語ではnaturaとなり、英語のnatureの語源となる。

naturaはオランダ語ではnatuurであるが、この語が日本語の自然に当てられたのは一七九六年の蘭日辞典『波留麻和解《ハルマわげ》』であり、一八一〇年の『訳鍵《やつけん》』である。まだ日本語では、東洋風の概念として理解されていた自然という語が、自然界の万物を対象とする西欧風のnatureに当てられたのだが、明治以後の西欧風文化の教育では、自然という言葉はもっぱらnatureの意味で使われてきた。

古代ギリシャの時代から、physisはnomos＝人為の対立語と見なされ、概念の整理が行われていたが、東西どこでも、老子、プラトンの頃から、自然を考える際には常に人為の反対語と理解していたのである。

しかし、日本では、人を自然の一要素と見なす考えが徹底し、人と自然との共生が成立していた。そのことは第六章であらためて検討することにしよう。

人が手を加えるということ

中国でいえば老子の頃から、西欧では古代ギリシャの時代から、すでに人為は自然と対立する言葉とされる。

それは、老子にしても、プラトンにしても、哲学と名づける知の行為によって概念整理をしていたからだろうか。ヒトはもともと多様な生物の一種であり、自然の産物である。その人を自然に対立する概念で整理しなければならないとはどういうことか。何よりも、いつから人為は自然の反対概念になったのか。

まず、プラトンや老子がそうであったように、人の知によって自然を考え、人為を考えるとすれば、知的活動をこれだけ組織立って推進し、文化を創造したのはヒトだけであり、ヒトを知的動物と呼んで他の生物と区別するならば、人の知的活動こそが人為であり、自然に対立する概念ということになる。

自然破壊ということを考えてみよう。人が自然の反対語であれば、人為がもたらした自然の変貌はすべて自然破壊と呼ばれるべきである。しかし、アフリカからユーラシア大陸にわたった新人が最初に犯した中東の砂漠化を、人類の最初の自然破壊と呼ぶ歴史家はいない。ヨーロッパにおける広大な農地の造成も、アメリカのいわゆるフロンティアの西部開拓も、自然林を伐開して人の営為にふさわしい場所を育てたのであり、自然破壊がもたらした変化である。

日本列島でも、農地化は国土のわずか二十パーセントほどの面積にとどまっていたが、その後、後背地の里山は人の活動のための地帯として育成してきた。国土の半分は人為によって管理するところとなったのである。自然林のすがたは残されていないのだから、これもまた自然破壊がもたらした景観である。しかし、里山の自然を護ろうという人はあっても、里地里山を自然破壊の産物と見なす人はいない。

概念整理をすれば、自然を変貌させ、自分たちが利用する資源として、人に固有の方法で自然からの簒奪を恣《ほしいまま》にするのは、自然に反する人為と理解される。しかし、自然の申し子だったヒトもまた自然の産物に依存して生きてきた。ヒトだけではない、地球上に生きる生き物たちはすべて、自分たち自身もその構成要素である自然の産物を上手に配分して生きていけるように進化してきた。

だから、技術に抜群の進歩が見られたとしても、人手で開拓していた頃の人為による自然の変貌を、人の知は自然破壊とはいわなかった。人はやがてその知的能力を飛躍的に高め、技術の質を向上させ、機械を使うことによって、自分たちが神の手を得たと誤解してしまうほどまでに、強い力を用いるようになった。そして、自分たちの種の繁栄のために、自然に甚だしい変貌を強いてきた。

ふと気がついたら、その影響たるや、やがて自分たち自身であるヒトと呼ぶ種の生存をも脅かしかねないいまでに膨れ上がっていた。あわてて、自然破壊という言葉を使い、自然保護という言葉をつくり出して、自然の崩壊を未然に防ぐことに気をつかうようになってきたのである。

今、この地球上で第六回目の種の大量絶滅をもたらすことになるかもしれない人為とは、そのような圧力を指すものであると、ここではまずそのことを理解しておきたい。

「自然」と「nature」

natuur の訳語を自然とし、西欧的な自然観が明治期以後の学校教育の主流とされた。中国語起源で、日本人の自然観を形容してきた自然という語は、nature が示すものと同じとはいえない。共通するのは、人為の対立語という点くらいで、nature が宇宙にある森羅万象を指すのに対して、自然は自《おの》ずからなるものであって自然界の対象物を意味する語ではなかった。

むしろ、nature に対応する言葉は、正確に同じとはいえないが、天然に近いともいえる。いずれにしても、nature=wild であって、そこは demon の棲むところであり、日本の森林のように八百万《やおよろず》の神の住処《すみか》と理解されることはない。

だから、自然に対する人の営為についての考え方も、万物の霊長が資源を活用するという考えと、八百万の神から自然界の産物をいただくというのでは、まったくというほど異なっているとさえいえる。日本列島で、西欧に見るような絨毯的な開発に比する例を見るのは、明治期以後になってからであり、技術においても自然観においても、西欧文明の影響を大きく受けてからのことである。

日本列島では、農地に転換された土地は国土の二十パーセント程度で、大規模な一斉開発ではなく、小さな田地を人家近くで開発する営農が行われてきた。また、人里の後背地を里山として薪炭材などの供給源として活用し、人為が及んではいるものの、みどり豊かな里地里山を二次的自然と呼んだりしている。

しかし、西欧でいうnatureには元来二次的な状態などあり得ず、実際みどり豊かな場所のうち、とりわけ里山林の意味などが正確に理解されるためには自然とnatureの違いまで丁寧に説明する必要があると、しばしば痛感するところである。

第三節　種の絶滅が示す生物多様性

生物多様性とは

生物多様性を全体として把握し、その動態を誰にでも分かりやすく説明することは、含んでいる内容の膨大さ、複雑さからたいへんに難しい。

そこで、生物多様性に迫っている危機の全体像を語る際に、モデルとして絶滅危惧種の現状が抜き書きされる。絶滅危惧種については、比較的正確に数量的な処理ができる部分があるからである。

絶滅危惧種の問題は、あれこれと実例をあげて、たとえばパンダやトキなどの生き物が絶滅に追いやられてかわいそうだ、という視点で取り上げられることが少なくない。確かにそういう情緒的な視点がより広範囲の人々の関心を呼ぶ面もあるだろう。

しかし、絶滅危惧種について調査研究するのは、地球上の生物多様性に迫る危機を、生物多様性という複雑な実体の全体として包括的に捉えるのが難しいことから、モデルとして分かりやすいかたちで把握し、人の活動が生物多様性にもたらしている危機を科学的に認識し、それに対するわたしたちの在り方を見直そうという科学的な発想からのものであることから目を逸らさないでほしい。

実際に、科学的な視点から、わたしたちを取り巻く自然の、生物多様性の実態は、いかに病んでいるものか、そこへ追い込んでいる人為とは何なのか、その正確な姿を追ってみよう。

生物多様性という言葉は、生物は多様な側面をもつことを総括していう時に使う用語であり、実際、生き物はあらゆる面で多様なすがたを示している。あらゆる性状において多様であることが、生きていることの意味であるとさえいえる。それが、三十数億年前に単一の型で地球上に現れたものの、長い進化の歴史を経て、まさに多様なすがたを示すようになった生き物の実体である。

生物多様性として一般に語られる場合には、相互に密接に関連し合う三つの側面をひっくるめている。分かりやすいのは、生き物にはさまざまな種類があり、多様であるという種多様性である。その種多様性をもたらしたのは、個々の種を構成する個体が特定の遺伝子の制御によってつくられており、さらに、同じ種に属するといっても個体ごとに変異があり、その変異とは遺伝子多様性によって導かれるという側面がある。

また、種は個別に生きていくことはできず、必ず直接的にもさまざまな他の種と関わりをもち合っている。複数の種が寄り集まり、相互に依存しながら生きている状態を生態系というが、生態系にもまた全く同じというものはなく、多様なすがたを示している。

遺伝子多様性、種多様性、生態的多様性という三つのレベルで語られる生物多様性、しかし、それらが相互に関わり合ったものであることはここで述べた通りである。そして、本書では主としてそのうちの種多様性に焦点を当てて考えている。

日本の国家戦略の在り方

一九九二年の国連環境会議（環境サミット）で採択された生物多様性条約に加盟した国

は、それぞれに国家戦略をつくって生物多様性の持続的利用に資することになっている。日本は、九四年に条約を批准し、九五年には最初の国家戦略を策定した。数多くの省庁に関係のある生物多様性に関わる課題であり、ひとつの戦略にまとめるためには省庁の壁を超えた調整が不可欠である。

最初の戦略は、関連する十一省庁の協力を得てつくられたが、急造だったせいもあり、関係の省庁の戦略が十分擦り合わされないままに綴じ込まれたところもあった。二〇〇二年に改訂された新・生物多様性国家戦略では、省庁再編などで八つに減っていた関係省庁間の調整も一定程度進み、国としての戦略のすがたが見えるものになっていた。

さらに、二〇〇七年の第三次戦略では、〇九年には生物多様性基本法が策定されたことから、それまでの政府の施策から、法にもとづいた戦略として「二〇一〇戦略」がまとめられた。二〇一二年には、第四次戦略に相当する「生物多様性国家戦略二〇一二から二〇二〇」にまで歩みを進めている。

さまざまな変遷を経て内容も整ってきた生物多様性国家戦略であるが、そこでは日本列島の生物多様性に及んでいる危機は四つに整理され、理解されている。正確にいえば、三つの危機と、それに総合的にのしかかっている地球温暖化の危機という言い方もできる。

三つの危機とは、(一)種の減少・絶滅、生態系の破壊・分断を引き起こしている人間の活動や開発の影響、(二)自然に対する人間の働きかけが減っていくことによる影響、(三)外来種や化学物質による影響、である。そして、第三次戦略から、地球温暖化にともなう危機が別項としてあげられた。この項目は、新・戦略までは全体に及ぶ環境劣化のひとつとされた。

危機の三つ目は、多様化する外来種の跋扈《ばっこ》や人工の化学物質が野外に放出されることによって典型的に現れているものである。人工の化学薬品やもともとそこに生育していなかった種を導入し、それまで平衡を保ち、安定していた自然の秩序を乱し、生物多様性に影響を与える事例である。化学物質の害については、さまざまなところで問題にされているし、外来種についての著述も多い。

また、危機の二つ目は、人が自然と相互関係をもちながらつくりあげてきた二次的な自然が、人の関与がなくなったために荒廃していることから来る危機で、里地里山における生物多様性の減少はその典型である。人と馴染んだ開発で、人と自然の共生を演じてきたみどり豊かな二次的自然が、人のライフスタイルの変更にともなって放棄されてしまい、荒廃し、そこで構成されていた生物多様性に危機が及んでいる課題である。この危機は、いかにも日本的な表現で、人の営為を受けながらみどり豊かな環境を育ててきた日本列島ならではの見方であり、それだけにSATOYAMAイニシアティブ（一九〇ページ）などで、この二次的な自然の意義を考えるべく世界に発信すべきことなのだろう。

絶滅危惧種について考える本書では、危機の一つ目が問題そのもので、地球規模で語られる際には、生物多様性の危機はむしろ第一の危機と同じラインで語られる。

文字通り、人間の活動や開発が、種の減少・絶滅をもたらしている現象である。前に述べた種の絶滅の原因のひとつ、開発による影響は、ここで述べる危機の原因と共通の問題である。

絶滅危惧種を材料に生物多様性を俯瞰する

絶滅危惧種をモデルに見立てて生物多様性の動態を知ることができれば、そこで知った生物多様性の現状にいかに対応すべきかを俯瞰することが可能である。

その際、把握した生物多様性とは何か、その実態をより確かに捉え直す必要がある。わたしたちが自然と呼んでいるものはあまりにも漠としており、自然という言葉に促されて考えることはずいぶん多様である。

絶滅危惧種の自生地での回復に関して、ここしばらくの間だけでも、いろいろなことが論じられてきた。自然という言葉の解釈については、第二節で触れた通りである。とりわけ、人の行為で自然を回復すること、人為によって導入された外来種との関係など、この場で語り尽くすことはできないが、問題としてさらに広がりをもたらす事象である。

コラム2 コウノトリ

朱鷺《とき》と並んで鸛《こうのとり》は自然再生の象徴種のひとつにあげられる。

記録では一九七一年に円山《まるやま》川流域の豊岡盆地(兵庫県)ですがたを消して、日本列島からは絶滅していた。それより早く、一九六五年から兵庫県が豊岡市に施設を設け、文化庁の支援を受けて、コウノトリの人工飼育を始めた。と同時に、地域の住民の間にも、コウノトリが暮らせる生態系を取り戻そうと、自然農法にもとづく生産活動に取り組む有志も育ってきた。

不幸にして、日本在来の系統の飼育には失敗したものの、シベリアから導入された同系統の人工飼育に成功し、二〇〇五年には自然界に放鳥できるまで個体数が増殖した。放鳥の行事にご参加いただいた秋篠宮家から、直後にご懐妊の朗報が発せられたことから、コウノトリのはたらきが話題になるという慶事まで整った。

放鳥された人工飼育個体は、地域の人々の協力で整えられた田地などに落ち着いた生活をし、彼ら独自で番《つがい》をつくり、雛を育てた。

二〇一二年には、人手をかけずに育てられた番からも雛が育ち、一方放鳥されたり、放鳥個体に育てられたりした、人工的な管理を離れた個体が兵庫県外へも飛来していることが観察されている。野生復帰に向けて、最初の段階は整ったといえる。

ヨーロッパ型のコウノトリは朱嘴鸛《しゅばしこう》と呼ばれる別種であるが、人の生活域で暮らすことが多く、人家の煙突などにも営巣し、多産や幸福をもたらす鳥とされ、スイスなどで赤ん坊を運んでくる鳥という伝承も生まれていた。

日本列島では、かつては個体数も多く、農産物に害を与える鳥と嫌われもしたし、食用に狩猟されたこともあった。絶滅に追いやられたのは、乱獲が引き金となり、農薬散布などで餌になる動物がいなくなって生きていけなくなったためだった。

コウノトリがいなくなって、地域の人々も、そういう環境はそこに住む自分たちの環境を劣化させていることを実感し、便利な生活のうちの危険な側面に気付くことから、コウノトリを取り戻すための環境の復元に向けた活動が構築された。

結果として、コウノトリを農薬などの人工物による自然破壊の影響を受けた絶滅種の象徴に据え、豊かで安全な環境創成の評価基準に置くことになった。コウノトリが育つ農地でつくられた農産物は、人にも安全な食べ物と評価され、全国の人々からの注文が相次ぐという結果も得ている。豊岡市のコウノトリの郷公園は、観光客の誘致にも成功しており、自然環境保全の努力は、経済的な成果にも結びつくという事例ともなっている。

二〇一二年には、トキの放鳥も行われ、環境省の重点事業でもあるトキの動向がメディアを賑わせたが、コウノトリの、人手を離れて彼ら独自で次世代を産み、育てているという話題の取り扱いはたいへん小さかった。

メディア関係者の、自然復帰についての認識が十分でなかったということだろう。

第三章　多様性がもたらしてきたもの

種の絶滅では何が問題なのか。桜は日本の春の象徴である。桜がなくなったら、日本人としては地球がものたりない存在になるかもしれない。

しかし、だからといって、それで人の生活がすぐに壊滅するわけではない。人の生命に直接害が及ぶ地震や津波の恐ろしさに比べて、種の絶滅を心配するのは少々情緒的に過ぎないかと問われることさえある。

第一節　種の多様性がなくなってしまったら

遺伝子資源として

地球上である種が絶滅するという事実は、その特定の種の問題であるだけではない。地球上で広く種の生存に何らかの影響が及んでいることを示唆するもので、生物多様性そのものに危機が迫っていることを意味する。

しかし、何パーセントかの種が絶滅したからといって、やはり地球のみどりは維持されるだろうし、わたしたちの食べ物がすぐになくなってしまうことはないだろう、とたいていの人は考えている。

そんなことより、喫緊の課題としては、急速な人口の増加に応じて明日の食糧が確保できるか、生活の向上にともなって、安全を確保しながらエネルギーの供給は維持できるのか、地震や津波に対して生命の安全は保障できるのか、などもっと分かりやすい課題が目先にちらちらする。

確かに、どの問題を取り上げても、のんびり構えていて大丈夫といえるものはない。しかし、だからといって、生物多様性の滅失が、しばらく忘れておいてもいい課題だとはいえない。いや、むしろ、優先順位の高い喫緊の課題のひとつに数え上げなければいけないのである。

他の動物たちと同じように、自然界の産物をそのまま狩猟採取して生存のための資源を入手していたヒトが、食糧などの安定的な供給を目指して、特定の動植物を飼育栽培し、農耕牧畜の生活にライフスタイルを転換したのは、せいぜい一万年くらい前のことと知られる。

日本列島でいえば、五穀のうちでも粟《あわ》や稗《ひえ》が主流だった主食が、やがて温暖な地域からもたらされた米に代わり、国家の成立の頃から米が税の基本とされたことから、日本の食は米を中心に動いてきたと考えられることがある。

もっとも、米は食の中心ではなくて、経済の中心をなしていただけで、美味な穀物という意味では、実際に米を生産する農民が白米を好きなだけ食べられたのは、第二次世界大戦後、間もなく生産制限さえするようになる前のごく短い期間だけだった、という皮肉な歴史の記録もある。

農耕牧畜がライフスタイルの基幹となってから、人が食糧資源に依存する植物の種数は限られてきた。少し前の統計であるが、人類が資源として用いている植物としては、米、小麦、玉蜀黍《とうもろこし》の三種をあげると全体の三分の二はまかなえているというし、馬鈴薯、大豆など二十番目までを列挙すると八十五パーセントは供給され、上位四百種で九十九パーセントは満たされるという。

これまでに、地球上で二十数万種の維管束植物が記録されており、実際には三十万から五十万種が生育していると推定されている。人のエネルギーを支えるためには、そのうちのごくわずかの種があれば十分というのである。

それだったら、植物の何パーセントかが絶滅しても、人類の生存には何も心配はないではないか、といえそうである。しかし、そういえるのは、当面の食糧についてであり、地球上の人口や、人々の生活の規模が今のままで推移すれば、のことである。

地球上で今、何が起こっているか。日本列島でも、明治維新の頃には三千万人ほどだった人口が、現在一億二千万人を超えている。日本では、これからの人口減が課題となっており、半世紀後には三分の二程度に減少、その傾向はさらに続くと予測されている。一世紀後には四千万人くらいになり、しかも極端な高齢化社会になるだろうという予測が平均的である。

地球規模では、しかし、人口はまだ急速に増加の傾向にある。

わたしが中学生だった一九四〇年代後半の世界人口は、二十四億人だった。今、地球人口は七十億人を超えたと記録される。人口増加率は開発途上国で特に目覚ましい。そして、地球規模での富裕化が、世界中の人々の生活程度を先進国並みに上げる方向に向かっている。もちろん、格差の是正は望ましいことである。

しかし、生活の質の向上は、世界的な物質・エネルギー志向で進んでおり、地球資源の無駄な費消に拍車がかかっている。ある推定では、二十一世紀中頃までに、地球資源の消費量は現在の七倍に達するという。多少割引して聞くことが可能だとしても、二十世紀後半に人類が経験した地球環境の劣化に注目する必要がある。地球資源は有限である。有限の資源を一方的に簒奪すればどうなるか、考えさえすれば小学生にでも分かる現実である。グルメに酔う日本では、とりわけ、大方がその問題に無関心だから、危機感が沸騰しないだけである。

資源の争奪は、国家間の紛争を招き、戦争の危機を招来する。戦争で殺しあって人口減を期待するというのだろうか。もし人の叡智が解決策を求めるとすれば、平和のうちにすべての人々が安心で豊かな暮らしを求めるかたちだろう。答えは簡単である。無駄な消費を削減し、新たな資源の開発に注力することである。これもまた難しい理屈ではなく、小学生でも引き出しそうな答えだろう。

無駄な消費の削減は、市民に期待することであると同時に、市民の無駄な消費に支えられて巨万の富を得ている人たちの良識に期待することでもある。間違っても、消費は美徳、などという成長路線に惑わされないことである。しかし、この件はここで詳述することではない。生物多様性についていえば、新たな資源の開発に関わることこそ喫緊に取り組むべき課題だろう。

農耕牧畜にライフスタイルを転換してから、人類はさまざまな育種を行って、効率のよいエネルギー確保に成功してきた。だらだらと狩猟採取だけで生き続けようとしたら、人口増にともなって、間もなく地球の全体をヨーロッパや北米のように開拓してしまい、中東の一部のように砂漠化してしまって、地球を人が住めない惑星にしてしまったことだろう。農業は、人口増を支える大切な技術だったのである。

もっとも、農業という手法を確立したから、これだけの人口増を支えることができ、地球の環境破壊を推進してきたのであり、それが今、破綻しようとしているのであるという声もあるようだ。

現実の問題は、直面している急激な人口増、資源への希求の拡大に応じるだけの開発が可能であるかどうか、である。持続可能な開発はいかにあるべきか、が問われるべき課題である。そして、それに対する答えは、唯一、急速に進歩している科学技術を駆使して、資源の確保に努めることである。実際、生物科学の進歩を踏まえて、育種の手法は急速に向上している。

そして、手法の向上と並行して、これまで活用されていなかった遺伝子資源の開発、活用にも注意が注がれている。残念ながら、わたしたちが明らかにしている生物多様性に関わる知見はまだ十分とはいえない。資源への希求の緊急度に対応するように、育種の技術の進歩と並んで、育種の素材となる生物多様性についての基盤情報構築にもさらなる努力が期待されるところである。

遺伝子資源としての生物多様性の基盤情報はどこで得られるのか、その一端である日本の植物相の調査の歴史については第四章第三節で触れる。

さらに、個々の種についての遺伝子資源としての特性情報を明らかにし、いつでも収集できるように所在情報も整え、誰もがその情報を入手できるようなシステムの構築をすべきである。そのための努力は少しずつ進んでいるとはいえ、まだ道遠し、といわねばならない。

ということで、人類の明日に、まだ期待をつなぐ余地が残されてはいる。しかし、その期待の綱である生物多様性に滅失の危機が迫っているのである。

ひょっとすると、明日の米、小麦、玉蜀黍に相当するような遺伝子資源が、それと認識されないままに地球上のどこかで絶滅に追いやられており、それをわたしたちは見逃して

遠くに散在するのは砂漠の樹木胡楊（タクラマカン砂漠）

いるのかもしれない。分かっていないないだけによけいに厄介である。

生物多様性に迫る危機は、そのような状況にあることが意外に知られていない。

地球環境を維持するために

日本列島に住んでいると、日常生活のうちでは、みどり豊かな環境に恵まれていることに気付かずにいる。

一九九七年に、わたしは全行程十四日をかけて、中国西北部のタクラマカン砂漠を一周したことがある（岩槻、一九九八）。もちろん、三蔵法師のようにラクダに乗って、ではなくて、砂漠の真ん中に建造された高速道路を車に揺られて、である。

その過程で、オアシスに住む人々に、彼らの生活環境について語ってもらったが、理想の環境を色にたとえてもらったら、どこでも異口同音に、砂漠の環境は茶褐色であるが、わたしたちの理想の環境はみどり豊かな場所である、だった。

望ましい環境の色はみどりであり、その意味で、みどり豊かな二次的自然の里地里山に囲まれている日本列島は、現代人にとって理想の生活環境なのである。もっとも、コンクリートジャングルの都市集中でみどりに背を向けている最近の日本の傾向は別として、ではあるが。

みどり豊かな環境とは何だろうか。里地里山を二次的自然と記しているように、ここはnatureという言葉で示す自然は破壊された後の、人為がもたらした景観である。人と馴染み合いながら、何千年の月日を過ごしてきた人の活動の場である。

それにもかかわらず、自然豊かな場所という。確かに、自然という言葉のうちに、自然を構成する要素も入れるなら、里地里山には在来の野生種も混じってはいる。生物多様性が豊かに生きている場所である。

しかし、そこはまた人為の影響を受けた外来種（史前帰化植物などと呼ばれるように、文化の一環である歴史の文書に記録されるより前に、人の活動にともなって外から導入された生物たちも含めて）が数多く見られるところでもある。植物学に特殊な話を拾い上げるなら、野生種と見られているもののうちに、人の活動の影響を受けて種形成されたものもあるらしいと、わたし自身が議論している種も見られる（岩槻、一九九九、コラム3）。

現在、人が理想の環境と考えるみどり豊かな場所は、自然環境そのものとは限らない。むしろ、原生的な自然には、文明に汚染された人たちは何日も暮らすことはできないだろう。

わたし自身も、植物の調査のために、世界各地で原生林のなかに踏み込んだ経験が少なくない。原生的な自然の美に圧倒されることを歓ぶわたしなど、少々の不便になら耐えることができるが、それでもテントのなかで雨風の悪天候に耐え、貧しい食事だけで暮らす生活は、期間限定だからできるようなものである。長期間のテント生活の後、格好だけでも屋根の下で、たとえ水だけでもシャワーを浴び、虫などから解放され、貧しくても人間らしい食事にやっとありついた日には、人間としての生活にホッとするものである。

最近の学生のうちには、大学の野外実習で林のなかの小屋で一泊するというと、トイレのないところでは暮らせません、と参加を拒否する人さえあると聞いたことがある。原生自然は、文化の洗礼を受けてしまった人にとっては、理想の生活環境ではなくなっている。

みどり豊かな環境というのは、人為的に維持された美しいみどりに囲まれた場所、を意味している。保全された原生の自然よりも、自分たちの好みに合わせてつくりあげられた自然っぽい場所が望ましいと思っているのである。

ところで、みどり豊かな二次的自然（正確には疑似自然）であっても、人が近づきにくい原生自然であっても、自然をかたちづくる要素というべき野生種は豊かに生きている。多様な生き物が生きている場所は、生物の進化の過程でそのようにかたちづくられてきたものである。

その場所に、最近になって、特殊な文化をもつようになったヒトという単一の種が、科学技術を発達させ、自分たちの種の繁栄だけを目途として、地球上の資源を無謀に簒奪する暮らしを展開するようになった。そのために、時間をかけて微妙な平衡を保つように進化してきた生物圏の構成要素である生物種の間に、少しずつ齟齬が生じている。生態系に見られるその変化が絶滅危惧種の集計によって明らかにされているのである。

一種や二種の生き物が滅びたからといって、それで生態系が甚だしく病むといわなくてもいい。しかし、いくつかの種が絶滅するという状態は、多くの種にそれなりの影響が見られることを示している。

微妙な平衡を保っているところへ、どかんと変化をもたらしたら、いったんは安定の状態に戻す力をもっていたとしても、継続的に反復して外圧を加える場合にはどうなるか。わたしたちは生態系の安定性がどの地域でどのように維持できるか、地球規模でどのような圧迫にまで耐えられるか、正確に予測するだけの基礎データをもってはいない。

しかし、ある程度までは外部からの影響に耐えられたとしても、外圧が閾値《いきち》を超えれば、生態系は部分的に損傷されるだけでなく、全体として崩壊するにいたることを知っている。その閾値がいかほどかを、科学は正確な数字で描き出すことができないとしても、である。

絶滅危惧種に指標される生物多様性の減失は、確実に生物多様性の現状に及んでおり、それが減少するどころか、地球規模でいえばむしろさらに進行し、拡大していることが示されている。ただし、今なら、適切な行動を起こせば、まだ対策が間に合うらしいことを、最近四半世紀の日本列島の植物の動態は教えてくれている。

もし、人類の繁栄を自分たちの世代だけのものにしないというのなら、孫子《まごこ》の世代まで地球上の生物多様性にもたらされる恩恵を享受し続けたいなら、わたしたちの世代までの人類が犯してきた生物多様性に対する危害をこのあたりで押しとどめ、修復に目を向けるようにしないと、地球環境の明日は期待できない。

人為が地球を覆い、みどりがなくなってしまい、人は地下に未来都市をつくって人工の環境で人工の飲食物を楽しむようになる、という物語が展開されることがある。地球が住めない場所になるなら、宇宙にもっと美しい星を探して、人類がそこへ移住すればいいではないか、という物語が語られることもある。技術の未来に対して、さまざまな夢を描くことができるだろう。

しかし、ほんとうにみどりを抹殺して地下の未来都市で人類の繁栄は期待できるのだろうか。すべての人々が満足できるように、安全なエネルギーや食糧が、安定的に供給できるものだろうか。また、ふるさとの惑星を汚染し尽くし、住めない場所にして、他の星に生活場所を求めるような人類だったら、その星もまた、瞬《また》く間に駄目にしてしまい、永遠に宇宙をさまよう浮浪人に堕してしまうのが結末であることは見え見えだろう。

楽しい物語をつくることは結構かもしれないが、着実に自分たちの地球の上で安全で豊かな未来を構築する具体的な活動がまず必要であり、そのために、自分たちがよって立つ地球を、自分たちにとって望ましいかたちに維持することが最低限必要である。

第二節　生物と文化の多様性

文化の富を享受する

生物多様性がなぜ必要かを、遺伝子資源と環境の両面から考えてみた。生物多様性を、その効用から評価する際、いつでもこれらの例をあげながら、わたしは何となく寂しくなってしまう。人の生き方を、資源・エネルギー志向中心にまとめた話にしてしまうからである。生物多様性の価値を、生態系サービスというような人間本位の言葉で語るだけでなく、人は自分の生を何ものと考えるのかを問いたい。このままでは野生の生き物たちと同じである。人に固有の性質としては、知的な能力を大幅に進化させてきたと理解される。それならば人が育ててきた文化との関わりで、絶滅危惧種の問題を考えればどうなるか。安定した環境で、豊かに生きる、しかし、何のために？　生物多様性と人との関わりを考える際にも、青年時代に陥る素朴な人生論に、人は常に立ち返るべきなのではないだろうか。

人が自分の生活をどう感じているかを、幸福度という観点で調査した結果を聞いたことがある。特別に豊かな層では満足度は意外に低く、相対的に平均よりは豊かな層で、幸福と感じている割合が一番高かった、ということだった。それがほんとうなら、人がうらやむほど豊かな人たちは、必ずしも幸福に生きているのではないということである。

さらに豊かになろうとしてもがいているのか、巨大な富を失うまいと心配しているのか、富の使い方に悩みがあるのか、わたしなどには分からない状況ではある。だが、幸福と感じる度合いは経済的な豊かさに正比例するものではないらしい。

たぶん、特別に富裕な人たちには、それなりに悩みがあり、それが巨万の富をもっている人たちの場合には特に大きい、ということなのだろう。

わたしたちは、巨万の富があったらいいだろうな、と、汚染した地球を離れて美しい星へ旅立つ物語と同じような夢を描くことはできるものの、実際にそういう状況に置かれるとは思わないので、それは想像上の物語として感じるだけである。

巨万の富を得ることはなくても、わたしたちはそれなりに幸福についての充足感を得ることを夢見ることができる。西行法師は、詠んだ歌（二六九ページ）の通りに桜の満開の頃にこの世に別れを告げたという。期待通りということは、それなりに満足して、ということでもあったのだろうか。西行法師が得た幸せ《しあわ》は、わたしたちに容易に理解できるものではないのだろうが、人はそれなりに幸せを得るべきだし、得ることができるはずである。

そして、それは、必ずしも巨万の富を手にすることではない。最近の風潮では、億万長者は最高の成功者ということであるが、それはメディアに煽られている虚像にすぎない。法の規定のすれすれを狙い、ということは人の弱みを上手について富を手にした人が、「金儲けをして何が悪いのですか」と開き直りながら、結局はお縄を頂戴するようになった事例など、札束だけにすがる思いの実態を示してくれるのかもしれない。

金儲けがいけないなどとは誰もいわない。正当にはたらき、人間社会のために情報産業に大きな貢献をするとか、運輸事業に風穴をあけた人がその成果として巨万の富を得ることに文句をいう人はいないだろう。

しかも正当に得た巨万の富は、福祉事業など、社会に還元したかたちで使われているという。それに反して、社会のためになる成果をあげるどころか、法の抜け道を上手にたどるだけで富を得た人が、自分たちだけの目先の享楽に無駄遣いしている話を聞かされると、金儲けにも多様性があることを思い知らされる。

とはいいながら、平均的な日本人のすべてが、たとえば老子のように、浮き世の富を忘れて、隠棲して道に生きることができるようになるとは思えないし、そうなるのが望ましいと断言することもできない。

日本国憲法で規定されているように、平均的な日本人は、「健康で文化的な最低限度の生活を営む権利を有する」（第二十五条）。

最近のように豊かさの格差が拡大するようでは、最低限度の生活が何かを決めるのは難しいが、しかし、日本人の生活程度が、開発途上国で見る貧しい暮らしぶりに比べると、結構権利が保障されているのかと思ってしまうこともある。

さらに第二次世界大戦直後の生活を経験した者としては、生活の豊かさを相対的に語ることについても疑問がある。幸せと感じる状況は、個々の人が置かれている場でそれぞれに感じるものであり、一般的な基準で量《はか》れる話ではない。

ここで幸福論を展開しようというのではないが、わたしたちが生物多様性から得るものは、まず遺伝子資源としてのありがたさである。環境保全のおかげを無視することはできないのであるが、それに加えて、こころの豊かさをもたらしてくれる点を取り上げてみたいのである。人は経済的に豊かになりさえすればいいというのではない。確かに、最低限度の生活が営めるような保障は不可欠であるが、必要以上の富はかえってこころの煩《わずら》いをもたらすものである側面さえ否定できず、ということは、求めるものを人間らしく、こころの充足に向けるとよいのだろう。

花が美しいと感じるこころは、人だけがもつ特性であると述べた。もちろん、幸せを幸せと感じ、幸せでないと思い煩うのも人だけの悩みかもしれない。しかし、人はすでに知を背負って生きている。今さら人は、人の人たる由縁である知を捨て去ることはできない。だとすれば、知によって幸せと呼ばれる状態を描き出し、万人がそれを得るように視点を定めたいものである。

自然がわたしたちにもたらしてくれるものは何か。生きるための食、衣、住は基本的に自然の恵みによっている。どれだけ加工品に依存するといっても、原材料は自然の産物である。

日本人は、その自然の産物をすべて八百万の神から与えられるものと感謝して受けてきた。神に特別に創造された万物の霊長である人は、自然界の産物を自分たちの財産として使っているのだ、とは考えてこなかった。神からの賜物だから、それなりに大切に使って、権利として濫費するようなことはしてこなかった。足ることを知ることが賢者の生き方だった。

それが、西欧文明に馴染んで、単純に資源・エネルギー志向の生き方だけを求めるようになってから、自然界のもろもろを、自分の今の楽しみのためだけに無駄遣いすることを恥ずかしいなどとは思わなくなってしまった。消費は美徳と宣伝し、物質面での充足だけを一途に求めるようになったのである。

日本人は伝統的に自然の美に鋭敏な感覚をもっていた。それだけ生物多様性の豊かな景観に育ってきたためだろう。単調な資源・エネルギー志向の最近の傾向が、日本人の自然に対するその鋭い感覚を鈍らせているという指摘がある。

しかし、豊かな生物多様性に恵まれた環境に生きている限り、自然との触れ合いのもたらす影響を忘れ去っているはずはない。慌ただしい都会で、コンクリートジャングルのなかでの生活を重ねながら、少しでも経済的な余裕ができてくると、みどり豊かな観光地への旅を準備する。最近の傾向としては、放置され、荒廃が進んでいる里山林も、都市近郊については、ボランティア活動が主導力となって、ずいぶんいいかたちに整えられるようになっている。日本人の自然志向のこころが、まだまだ萎え切ってしまってはいないことを、最近のこのような傾向が如実に示している。

自分が参加した活動でいいかたちに復元された里山林で、巨万の富を得たのと同じような幸せを感得する人たちを見ていると、老子のような隠棲だけが至福へいたる唯一の道だと思わなくてもいいと実証されているように感じる。

直截《ちょくせつ》にいった方がいいかもしれない。生物多様性がわたしたちにもたらしてくれる最大の恩恵は、人と自然のつきあいが、人の生をもっとも豊かにしてくれるという点である。そのために、最低限度の動物的生は保障される必要があるものの、人は知的活動によって人らしく生きる存在である。

山路をたどって花咲くスミレに感動し、富士に対峙するツキミソウに見とれて今日の幸せを感得することができるのは、人だけに与えられた特権である。

文化の多様性がもたらすもの

知的活動を文化の創造にまで高めたのは人だけである。しかし、知的活動は、進化の展開として単一のすがたを描き出すのではなくて、同じ新人の活動とはいっても、住処によって多様な展開を示し、結果として、民族により、地域により、文化には多様なすがたが見られることになった。文化の多様性と一括して表現されることがある。

文化の多様性は、民族の特性といわれるが、その特性が生じたのは、人々の生活の様相が生活環境との相関で描き出されたものであることに注目しよう。

生活環境といえば、第一義的には、住んでいる場所の自然環境、とりわけ生物多様性に影響されている。文化の多様性は、それを生み出した場所の生物多様性にもたらされたものとさえいえるのである。

実際、砂漠に生まれた文化と、寒気の厳しい気候の影響下でつくられた文化と、温暖な地域に育った文化と、熱帯多雨林の文化と、まさにさまざまな文化が地球上で展開される。

温暖多雨の気候に恵まれて豊かな生物多様性をもつ一方で、日本人は頻発する自然災害にも悩まされ続けてきた（第四章第一節）。日本列島の自然の特性は、そこに住む人たちの文化の形成にそれ相応の影響を与えてきた。

わたしたちは、そのような自然環境に育てられ、特有の自然観をもつようになっているので、それをむしろ当然のように受け取っている。だが、他の自然環境をよく理解しないまま、独自の考えを展開することは、島国根性と批判的に見られることもある。

それは、長い鎖国の経験を含め、もともと純粋の雑種といわれるようにつくり出された日本民族が、それと定まってからは、逆に他の民族との混合を避けてきた歴史にも左右されているのだろう。

一例をあげよう。同じ島国といいながら、イギリス諸島は、日本列島のように生物多様性に恵まれてはいない。地形や気象条件に加えて、人々が住み始めた早い時期に、自然への徹底的な簒奪を重ねてきたために、疲弊した大地が生物多様性の恵みを生み出す力を失ってしまったのかもしれない。

いずれにしても、この西方の島々に住む人たちは、早い時期から島々の外へ雄飛する文化を育て、世界の各地に植民地をつくり、自然からの簒奪と、自然破壊を国外に広く拡散することになってしまった。今、生物多様性の持続的利用を考える最先端に立ってはいるものの、あくまでも利用を基本とし、いつまでも利用できるようにと、人の立場を重視して考えることから、どうしても生物多様性の側に立つ思考法が育ってこない。日本人のもつ多様性の文化と、ずいぶん異なっていることを、お互いがもっとよく理解し、生物多様性と共生する論理を育てることが、地球の自然を持続させる上で不可欠のことといえるだろう。

パンだけに依存する人たち

春を彩るソメイヨシノや八重の里桜たちが絶滅する心配はないといいながら、野生の桜にはまだ危機がなくなっているわけではないという。それでは、どのような状況だったら桜がなくなるのか、その想定をしておくことも無駄なことではないだろう。

ほんとうに桜がなくなるような事態を招かないために、わたしたちが今やらなければならないことを万人が承知しておくことが肝要である。そのための指針を提起することも、科学の大切な役割のひとつなのである。

人口の増加や日常生活の多様化にともない、費消する資源の量は飛躍的に拡大し、さらにその速度を速めようとしている。目前の需要に対応するために、人は科学技術を最大限に活用して、地球資源を簒奪し、今日の要求を満たしてきた。そして、気がついたら、地球は甚だしく病んでいた。少なくとも、絶滅危惧種に指標される生物多様性の滅失の度合いには目を覆うばかりである。

物質的な充足を一途に求め、今日的な技術の適用によってそれが曲がりなりにも充たされると、人の要求はさらに拡大し、それに応じて技術をさらに拡大させ、需要に応じるだけの発展を刻んだ。より安価にと計算して安全性に十全の対応をしないで使ってきた機器は、想定外と説明される災害によって運転ができなくなっただけでなく、事後処理に巨大な国費を投入せざるを得ない状況を招いた。

そして、生物多様性の滅失が示している危険に対して、さまざまな警告が発せられても、それはまだ先の危機と見くびっているのか、責任ある対応はしないまま、資源への一方的な簒奪を続けている。

むしろ、事実を直視し、危険を察知して真摯な対応をしている一握りの人たちは、意識的にか、無知なままにか、現実を直視することを避け、今日の物質的享楽だけに現《うつつ》を抜かしている大多数の人たちの生き様をハラハラしながら見ている状況にある。

西欧文化の根幹には、四十日の荒野での断食の後でも、「人はパンだけで生きるものではない」（マタイ伝第四章、ルカ伝第四章）といい切る姿勢がある。無謀な戦争のために、日常の生活に必要な物資さえ軍備に回して、「欲しがりません勝つまでは」などと、痩せ我慢を張ろうというのではない。

人の生活には大切なことに順序がある、電力の供給を安価にすることよりも、人々の安全を考えることの方が先であるというように。

そういう単純な順序付けさえ、今日の享楽のために忘れ去ろうというのなら、キリギリスのような冬を迎えざるを得ないだろう。

コラム3

人が創り、育てた種

人が育てた種といえば、誰でもまず栽培品種を思い浮かべる。しかし、栽培品種は、まさに品種と呼ばれるように、自然界に存在する種と比べれば、品種の階級で識別されるものであり、いわゆる種分化（種形成）を完成したものではない。議論を一貫させるためにも、種として区別されるほどのものだけを取り上げるとすれば、ここでは、栽培品種は対象とならない。

自然界における種形成は、遺伝子の突然変異が蓄積され、環境に対応して種として独立する時間を計算すれば、有性生殖のような効率的な生殖法を確立した生き物でも、百万年単位の時間を要すると計算される。

人が進化してから、まだ数十万年、人が文化と呼ばれるほどのものを創り上げてからの歴史を新石器時代以降とすれば、プロト新石器時代と呼ばれる時期を含めてもせいぜい一万一千年前以降である。その間、人の営為に促されて、有性生殖集団に新種形成をもたらすには、あまりにも期間が短い。人が創り、育てた種が、自然界に野生しているなどという状況は論理的にはあり得ないように思える。

ところが、実際には生き物はさまざまな進化の道をたどっている。わたしたちが野生種と呼んでいる生き物のうちには、人が農耕牧畜を始めてから、人為の影響を受けて種形成を行ったものがあるようなのである。その可能性を実証しようとしてまとめたのが、『文明が育てた植物たち』（岩槻、一九九七）であるが、ここでは、自然交雑が突然変異によって無融合生殖（アポガミー）を誘導し、三倍体などの無融合生殖種を分化させるという進化が自然界に見られるのではないかと、さまざまな傍証をあげて示している。

わたしたちの周辺にごくふつうに生えており、日本庭園の大切な脇役のひとつとして生かされるベニシダは三倍体無融合生殖種の例であり、人が伐り開いた環境に適応し、旺盛に生きていると推定されるものである。

自然雑種が倍数化などを誘導し、継続的な生殖が可能な状況をつくり出して、やがて新しい種形成にいたることは、たとえばコムギの起源をたどるような研究で明示されていた。そのような種形成が、人の活動の影響を受けて促進されたかもしれないという問題提起である。もしこれが実際に生じていることの説明だったら、人が自然界に与えている影響はずいぶん広範囲に及ぶことになる。

ベニシダ（東京大学植物園）

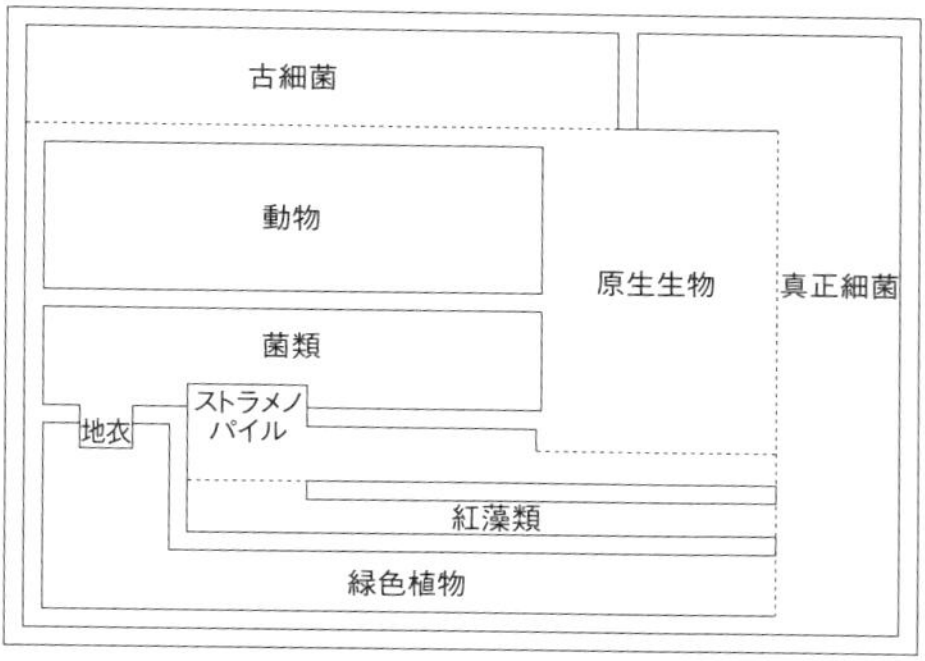

生物の分類図：全体がひとつの生命をかたちづくっている
（岩槻, 2012）

自然雑種の形成をきっかけとして、二《に》叉《さ》分岐だけでない、系統に収斂がみられる種分化が比較的頻繁に生じる群では、進化は結果として網の目状の関係性を生み出すことが確かめられ、網状進化という言葉が使われる。系統の収斂は高次の階級の分類群の間にも見られるもので、生物の進化は樹枝のように二叉分岐だけで開放的につくり出されるだけでなく、まさに網の目をつくるように展開するものである。すべての生き物の間は、系統的にも強い絆で結び合わされている（岩槻、二〇一二）。

第四章 身近な環境を正しく理解する

ヨーロッパでも、中国でも、何度かの戦乱で、国土がはなはだしく荒廃したことが記録に残されている。人口が何分の一かに減ったというような激しい戦いもあったと記録されている。

日本列島でも、争いはあったというのに、日本列島の自然にも、そこに住む人々にも(何百万人もの犠牲者を出したと数えられる第二次世界大戦の悲劇までは)、壊滅的に悲惨な結果が見られたことがないのは何に護られてのことだろう。

地球規模で、自然の現状を正しく認識する第一歩として、まずは自分を取り巻く身近な環境である日本列島の自然とその歴史を正しく理解しておきたい。日本人は、伝統的に自然と親しむ生き方を尊んできた。今も、ずいぶん欧米風文化に侵食されているとはいえ、平均的な市民の意識のうちに、自然と親しむ気持ちが強いと感じることがある。

しかし、だからといって、その気持ちが自分の周辺の自然を正しく把握しようという気持ちに直結していないのはどうしてなのか。

第一節　日本列島の自然が教えてくれたこと

豊かな日本の自然

日本列島の自然の特性として、生物多様性など資源に恵まれている天然の豊かさと、それに相反するように、自然災害が頻発することが、歴史上の事実としても、経験的にも、科学的にも認識されている。

その日本列島に生きてきた日本人が、自然に対して、常に感謝の気持ちを抱き続け、同時に怖れ続けてきたことも、日本の歴史に刻み込まれた事実である。日本人の自然に対する畏敬の念とはいったい何だったのか、瞥見しておこう。

日本列島はユーラシア大陸の東に位置し、東進して大陸から切り離されて形成された地史的過程から、地層は褶曲や上下の転倒などもあって単純ではない構造をもっているし、地表面に現れた地形も、山岳あり渓谷ありで、たいへん複雑な構成をとっている。

また、海岸は黒潮海流や親潮海流に洗われ、偏西風に運ばれてくるヒマラヤ域からの湿った空気にも影響され、温暖多雨に恵まれ、四季がはっきりした気候が顕著である。生き物についていえば、ヒマラヤから中国南西部にかけての、暖温帯としてはもっとも多様な生物相がみられる地域とつながっており、豊かな遺伝子資源の供給に恵まれるという好条件に位置している。ということで、歴史的に豊富な植物相が形成され、そこに多様な動物たちも棲みついて、全体として生物多様性は豊かであり続けた。

一方、日本列島は環太平洋火山帯に位置し、ユーラシア大陸のユーラシアプレートと、太平洋の海洋プレートが重なり合う構造にある。このため、地層が交錯し、地震が生じやすい条件下にある上、島弧《とうこ》であることから、地震とそれにともなう津波の被害も頻繁に受けてきた。その成因から火山脈に位置し、活火山も多くて噴火という災害も頻発する。

また、偏西風によってもたらされる湿った空気により、多雨に恵まれるが、時にはそれが豪雨に変貌することがある。大量の降雨はしばしば局地的な、または広域に集中豪雨となり、河川の氾濫や地崩れなどの災害をともなう事例がむしろ日常的なできごとともなっている。そして南太平洋に発生し、西太平洋を通過する台風の通路にあたっていて、年に何度かは台風が襲来する。まさに災害列島である。

豊かな生物多様性の恩恵への感謝、頻発する災害に対する恐怖感、これらが織りなす自然への畏怖の念が日本人の伝統的な自然観を育ててきた。

しかし、日本列島の自然の特性はそれに限定されてはいなかった。日本列島は縦に長い列島であるが、中心は暖温帯に位置する。北は温帯下部の落葉広葉樹林に覆われるが、中心から南にかけては常緑広葉樹から照葉樹林帯に位置する。たいていの位置で、林相は単純植生ではない。

北欧の黒い森は針葉樹林で一面に黒っぽい林相の森が展開する。落葉広葉樹林でも、ブナ林など、単純植生が多く、同じ景観が限りなく広がる。

日本列島を覆う森林は、それに対して、たいていが複雑な構成の混交林でできており、外から見た景観は多様な樹冠に飾られた曼荼羅模様の林相を描き出す。もともとの原生植生（潜在自然植生）は、杉などの針葉樹が広葉樹と混交林をつくっていた林だったといわれる。

人為の影響が変貌させた現在の林相についても、若葉の萌える春の景観も、多彩な秋色も、さまざまな樹冠が織りなす複雑多様な絵柄を展開する。みどりがどこまでも続く日本列島の中山間地帯の景観も、一様にみどりといいながら、まだら模様の美しい絵巻物を見せてくれるのである。

自然の景観の多様性は、日本人の美意識形成にも影響を及ぼしたはずである。地域の文化は、当然、その土地の自然に育まれ、自然の特性に影響を受ける。日本人の伝統的なものの見方が、日本列島の特異な自然環境に左右されてきたことはいうまでもない。

日本列島に生きた人

日本列島の豊かな植物相は、このような良好な自然の条件のもとで形成されてきた。しかも、もうひとつ忘れてならない条件は、この列島に住む人たちが、この自然条件に恵まれて、理想的な人と自然の共生を演じてきたことである。

新人は、出現してから定住していたアフリカで、やがて食糧などの資源の枯渇に苦しめられ、約十万年前に、その一部がユーラシア大陸へ移動してきた。ユーラシア大陸へ移住した新人たちは、中東の豊かな森林を伐開して、広い地域を砂漠化に導いた。砂漠に住むようになった人々は、やがて一神教を奉じ、人は神に似せてつくられた万物の霊長であると信じ、天与の自然を自分たちのための天然資源として費消し、今風のいい方をすれば自然破壊を進めながら、人を中心に考えた開発を展開してきた。

しかし、約四万年前に日本列島に移住してきたわたしたちの先祖は、たった一度の移住で単一の群だけが住みついたわけではなくて、西から（中国大陸から）、北から（シベリアや朝鮮半島から）、南から（ヤシの実のように、簡単な帆掛け船に乗って）、いくつもの群が繰り返し何度も日本列島に入り込み、いろんな群の間で、平和的な、あるいは政略的な、複雑な交雑を行って、純粋の雑種というべき日本民族がつくられたようである。

混成集団である日本民族は、その後も継続的に混成を繰り返しながら日本列島に住みつき、その自然の豊かな生物多様性に感謝すると同時に、頻発する自然災害に畏れを抱き、自然に対する畏敬の念から、八百万の神に祈りながら生きてきた。

少なくとも明治維新の頃までは、八百万は万物を意味し、それは万物である自然そのものを畏敬する信仰だったので、自然を尊び、自分自身も自然の一要素であると認識して自然に馴染ませる生き方を貫徹してきた。

教育体系を西欧風に整え、西欧文明を理想と考えてきた明治期以後、日本では神という語は god の訳語として理解されるようになった。そのような理解にもとづいて、今、日本人は、神は自然と一体だったと整理しようとする。実際は自然の産物を勿体《もったい》と見なし、すべての事物に宿ると理解してきた神は、西欧でいう god の概念では理解を共有できるものではないことを知る必要がある。

自然を直視してきた人たち

日本列島は、鉱物資源はともかくとして、植物の多様性にはたいへんに恵まれている。しかし、頻発する災害によって、豊かな生物多様性の恩恵を受ける機会が阻害されることも、最近の例をあげるまでもなく、歴史上も稀ではなかった。

さらに、列島の地形は山稜を核とし、平地が乏しい。おおむね、山地が七割、平地は三割と計算される。この割合はドイツやフランスと比べると、まるで逆の比率である。豊かな生物多様性の恩恵を生かすために、さらに生産効率を上げるための農耕地は、列島のせいぜい二十パーセントを限度としている。

その列島の構造的な背景が、絨毯的な開発を許さず、逆に平地に続く後背地を里山として活用し、そこで狩猟採取の延長のような生業も併存する日本に特有の生き方を生み出し、育ててきた。そして、狩猟採取の延長のような生き方を部分的に取り入れてきたことが、そこに展開する生物多様性と馴染み合う日本人の特性を培ってきた。

植物学を専攻している欧米の科学者の幼児体験に、身内の人たちに連れられて野山を跋渉し、自然についての学びから生き物の神秘さに惹かれるようになった経験が、強い影響力をもっていることを、多くの人の体験談から帰納することである。だが、日本人の場合は、もっと直接的に、日常の生活のうちに、生物多様性と馴染み合う育ちを経てきているといえようか。そのことが、日本人の本性ともなっていた自然好き、植物好きをもたらしていたのである。

『万葉集』に、自然や植物を詠み込んだ歌が多いことは別のところでも触れる（第六章第一節）。『万葉集』よりも古い古典で、現在に残されているものは世界各地にあるが、『万葉集』のように多彩に自然が描写、記録されているものはない。

しかも、『万葉集』には、貴族階級や富裕なインテリ層の歌だけでなく、庶民、たとえば防人《さきもり》たちなどの歌も取り上げられている。日本人が、広範囲に自然と馴染み合って生きていた実態は、このように古典にも記録され、遺されているのである。

日本人が自然に感じる畏敬の念は、その後も一貫して日本文化の伝統のうちに生きてきた。むしろ、文芸作品など、貴族階級が中心になって生み出してきたものには、遊びの要素が強く影響することになるが、庶民の暮らしのうちには自然と直結した部分が生かされ続けてきたことが、さまざまな記録の断簡からも透けて見えることである。

このことが、人と自然との共生という日本に特有の概念を伝統として生かし続けることに、結果としてつながっているといっても間違いないだろう。

文明開化によって得たもの、失ったもの

江戸時代に日本的なものがすがたを現していたというのに、明治維新は江戸文化の否定から出発した。自然観についても、西欧的な見方こそが優れた人々の視点であるとされ、西欧風の近代科学の教育によって、インテリ層は日本風を否定することに躍起とさえなっていた。

廃仏毀釈はその嵐のひとつの表現であった。その流れで、神社合祀も強行されたが、そのために地域に残されていた鎮守の杜はその数が三分の一に減少したと数えられる。

南方熊楠は自分の足で南紀の自然のよさを具体的な生き物のすがたを通じて確かめていた。だが、それが一握りの業者の懐を潤すだけで、長年維持されてきた鎮守の杜が壊滅的な打撃を蒙っていることに悲憤慷慨《ひふんこうがい》し、彼らしいやり方で抗議に立ち上がったため、法に

反する行為を理由にしばしの拘留を受ける破目に陥った。

高級官僚だった知己の柳田国男の口添えもあって解放され、やがて神社合祀の強行は取り下げられるが、その時には破壊されて戻らない鎮守の杜の数は相当数に上っていた。


江戸時代までの日本人は、日本的な見方を追究し、それだけに自然を全体像で捉え、統合的に観察し、理解していた。自分自身も自然の一要素と見なし、与えられた自然の恵みを感謝して享受する生き方をしてきた。

それに対して、欧米風の資源・エネルギー志向の視点では、自然は大切な資源の供給源である。森へ入って、そこの資源を簒奪しようというのだから、森の主は敵であり、そこは悪魔の棲む場所であると解釈する。魔法使いのお婆さんは人の居住地域には住めず、森にいて人（のこどもなど）に害を及ぼす。森を伐開して人が利用する村落・農地に転換するのは人にとって有益で、高貴な行動と理解する。

昭和の時代に入って、科学技術は飛躍的に進歩した。人々は神の手をもったように錯覚し、力強く自然を自分たちの支配下に置こうとした。それによって、自然破壊が自分たちの首を絞めていることに気付くまでにずいぶん時間がかかってしまった。

第二節　植物とのつきあい

上代から変わらぬ植物への想い

日本列島の植物はどのように見られてきたか。残された記録だけから正確にその歴史を追うことは絶望的に難しい。上古にすでに実用を超えて植物に関心をもつ人が多かったことは、『万葉集』からも読み取れることである。しかし、それより前がどうだったか、これは日本だけでなく世界のどこにも記録されてはいない。考古学的な推測にしても、わずかな遺物、断片的な文字や絵などに依存する情報に限られる。

人々と自然とのつきあい方を探るには、『万葉集』はよい資料である。その後、勅撰和歌集などの文芸作品が継続して編まれ、残されているが、『古今和歌集』にしてすでに、貴族階級の歌に限られ、本歌取りなどの技巧にはまった歌が主流になって、素朴に自然を詠み込む歌が少なくなり、諸外国の文献と同じように、一般市民と自然との関わり合いが文芸作品に残される割合は極端に小さくなった。

例外的に、『山家集』の西行や『金槐《きんかい》和歌集』の実朝の例があげられることがある。貴族社会から意識的にはなれた彼らの和歌への傾きが、むしろ時代を示す伝統からはなれて、日本人のこころへ戻ろうとする試みだったといえようか。

それぞれの時代の人々の生活を探るためには、『万葉集』以後では歌の世界は好ましいものではなくなり、むしろ人々の生活そのものの記録から推察することになる。そのようにして探られる植物とのつきあいの歴史が、実用的な部分に偏るのはやむを得ない。

遺跡に残されている植物から、人と植物のつきあい方を探るのは考古学の常道である。しかし、ここから見えてくるものは、人の生活がどれだけ植物に依存していたか、という部分で、文化としての植物がどこまで確かめられるかは微妙である。

考古学で、植物と人との関係が詰められるのは、まず何を食べていたか、からである。狩猟採取の時代から、どのような植物を食べていたか、主として残された種子などから推量される。やがて、野生植物の採取から栽培へと軸足を移すようになっても、注目されるのは、食べ物、着物、住居に使われた植物であり、薬草となった植物である。

人と植物とのつきあいが、生活上の実利から始まり展開してきたことは、自然界の申し子としてのヒトという動物の一種にとって、当然の進化のすがたである。

人が人らしく植物とつきあうようになった最初の記録には、葬祭や祭祀に関わる例がある。野生の動物にも仲間の死を悼む行動が観察される事例が記録されるが、人の文化のごく初期に、死を畏れる気持ちは育ってきたようである。

死者を弔う行為には、死者との永遠の別れを惜しむ気持ちもあるが、死を畏れ、残されたものが死者に犯されることがないことを念じた部分もあったのだろう。そして死者が安らかに眠れるように、死者を送る際には、美しい花で慰めたのだろう。葬送についてのその行為は、死の実態がはるかに正確に解明されたはずの現在でも、本質的には変わってはいない。

ギリシャでは、クノッススの宮殿に、すでに四千年前に植物の絵が描かれている。それにしても、美意識で描かれたというよりは、儀礼上のシンボルであった可能性は否定できない。日本では高松塚古墳（七世紀から八世紀初頭）のように時代を下った古墳時代のものでさえ、植物が判然とするような絵は残されていない。

しかし、四千年から五千五百年前の縄文時代中期の三内丸山《さんないまるやま》遺跡（青森市）には、明らかに栽培していたと推定されるクリなどの植物の種子が識別されている。

実用に供する植物には四千年以上も前にすでに人々が能動的に働きかけており、彼らの生活に密接に関わり合っていた。生きるためには必死になって自然を活用するという行為はヒトにとって最低限の要求だった。美意識を感じるのは、生活に落ち着きを見てからだったのだろう。

祭祀は人のこころに慰めを与えるものでもあっただろうが、人々を支配する際にも大切な行為だった。政治をまつりごとというのは、祭祀が統治にとって不可欠な行為であったことを示している。祭祀のしかけのうちには、植物は欠かすことのできない要素である。今に残される伝統行事としての祭祀にも、それぞれの地域の植物が大きな役割を果たしている例が散見される。

美の対象としての植物

植物を美的観賞の対象としたのが、いつ頃からだったのか。

実利と離れて、純粋に美しいというだけで植物を意識するようになった人は、野生動物の一種としてのヒトから、文化をもつ人に進化した最初の人であるといえる。

文化は、そもそも、そうするだけに生活に余裕ができた人が、生活に役立つような利用に関係なく進化させたものなのだろう。もっとも、癒しがストレスからの解放を求めるものだったら、それも人の社会の進化がもたらしたものへの対応ということになるのだろう。

人は生活と独立に植物を観賞し、栽培し、装飾に用いるようになっていった。

動物は実利に関わる部分では賢明（適応的）に進化してきたが、知的な活動に特殊化することはない。人だけが、身体内に蓄え、育ててきた遺伝情報とは別に、情報交流の方法を進化させ、社会のなかに共有の知識を蓄え、その情報を基盤に知的な活動の所産としての文化を構築する進化を遂げ、生物界でも特有の形質を備えることになった。

文化をもつようになった人こそが、物質を実利の対象とみるだけでなく、そこに文化の素材を意識するようになった。美を観賞し、不思議に好奇心を覚え、神秘に祈りを捧げるようになってきた。植物の美も、その一環として讃えられ、やがて栽培し、装飾に用いるようになったものである。

生活必需品としての植物と、美の対象としての植物、そこには明確に線引きのできる違いはないが、すべての物を資源・エネルギー志向の観点で評価し、紙幣に置き換えて価値をはかるようになってしまえば、知的な特性をもつように進化してきた人の特質とはいったい何だったかと考え込んでしまうこともある。

第三節　近代化と植物学

日本列島の植物の動態

絶滅危惧種を、生物多様性の実態を語るモデルとして調査研究しようというのなら、まず生物多様性とは何かを概観し、その全体像を科学がどのように把握しており、絶滅危惧種はそのうちのどの部分を占めるのかを知る必要がある。そういう背景を受けて、生物多様性と絶滅危惧種の置かれる座標上の位置について紹介しよう。

日本列島の植物については、少なくとも維管束植物に関しては、基礎的な調査研究が比較的よく進んでいるといえる。だから、人為による危機の程度をモデルとして描き出すためにも、維管束植物を材料にするのは妥当な方法である。

日本列島の植物の動態の調査研究は、近代的な科学の視点からいえば、江戸時代末期に蘭学が伝えられてから始まり、明治期以後の近代化にともなって国際的な展開を始めたものである。ただし、日本列島に生育する植物を意識して観察する行為は、すでに上代に始まっていた。

日本人の自然との親しみの情を歴史的な事実とあとづける根拠として、『万葉集』など上代から遺された文献に、さまざまな自然が詠み込まれていること、さらに貴族階級などエリートの目から見たものだけでなく、（防人など）庶民の詩歌も含まれていることなどを例示して説明すると、ヨーロッパの民族学者などから、優れた記録が遺されているとうらやましがられる。

遺された歴史書の量だけでいえば、ヨーロッパの方が遥かに大量の蓄積がみられ、それにもとづいた歴史の研究も進んでいる。しかし、これまでの歴史書は地域間や国際的な紛争の歴史を中心として編まれており、実際、参照される文献も、その面から解析され、その結果、歴史といえば政治と戦争の記録に偏ることが多いように思うのはわたしの僻《ひが》みだろうか。

西欧でも、近代科学が華々しく展開するのはルネッサンス以後である。しかし、自然史についていえば、科学史はアリストテレスにその淵源を見ることができる。ギリシャでは自然史はhistoriaであり、体系学である。それに対して、中国では博物誌というすがたで、列品陳列を基盤とする。その意味で、科学の世界でも、早い時代における日本風の展開は中国からの影響の下にあることを知る。

中国の博物学は薬に関わる本草《ほんぞう》という名称で始まる。最初のまとまった本草書として、『神農本草経』三巻があげられる。西暦五百年前後に、当時伝えられていた古書を陶弘景（四五二〜五三六）が注記してまとめた。

陶弘景の書物から百五十年ほど経った唐の時代、蘇敬らが『集注《しっちゅう》本草経』を校定してできたのが『新修本草』で、この書は初めての勅撰書であり、皇帝の命によって作られた本草書とされる。

日本最初の本草書は『本草和名《わみょう》』であり、醍醐天皇に侍医・権医博士として仕えた深根輔仁が延喜年間（十世紀初頭）にまとめたものである。唐の『新修本草』に学び、その他の漢籍医学・薬学書に書かれた薬物にも和名を当てはめ、日本の産地や有無を記している。江戸時代に発見された写本を転写したものが遺され、当時の博物学事情を知ることができる。

それ以後も、中国の本草学が移入され、日本風に編集されたものが、その時々の科学を主導するが、江戸時代以前に自然史学に関わる領域で、日本で独創的な手法が発展することはなかった。それが科学のすがたでそれなりの展開を示すのは、江戸時代に入ってからである。それまでは本草学が真似られていただけで、それは国学が成立しなかった人文学の発展の経過とよく似たものだった。

しかし、読み書きそろばんなど日常生活に直結した手習いが、寺子屋から広く一般の人々の間に普及してきたのに比して、科学の学習は江戸時代においても市民の間に広く受け入れられるという状況にはなかった。

西欧の科学の発展が日本へ導入されてこなかったわけではない。長崎出島は小さい島だったし、外国人といってもオランダ人と中国人にしか公式には出入りは許されなかった。しかも、江戸時代初期には書物の輸入は厳しく禁じられた。

ただ、十八世紀前半にもなると将軍吉宗自身が蘭学に関心をもち、青木昆陽や野呂元丈にオランダ語の学習を命じた。一七七四年には杉田玄白と前野良沢らが協力して翻訳書『解体新書』を刊行する。この前後から、オランダ語を学ぶ人の数も増え、蘭学は隆盛期を迎える。

ただ、その後になって、シーボルト事件のような不幸な出来事も生じ、蛮社の獄（一八三九年）による弾圧もあった。この事件、太平に慣れた幕府のもとで、官学である朱子学を独占していた林家にとって、蘭学の隆盛は快いものではなかったらしく、権力者に結びつくことで競争相手を弾圧した出来事と説明されることもある。

しかし、時代の流れをとどめることはできない。シーボルトに学んだ若者たちや、杉田、前野の伝統を継いだ大槻玄沢の開いた芝蘭堂によった人たちによって、さらには大坂の緒方洪庵の適塾には全国各地から優秀な若者たちが集まって、西欧の進んだ文化を吸収しようという意欲が花開いた。

この動きはさらにイギリス、ドイツなどから学問を吸収しようという意図に発展したが、洋学と呼ばれることになったこの活動は、進んだ軍事技術を習得しようという希望にもつながった。

江戸時代には自然史科学の領域でも西欧風の流れが届くことになった。それまで、中国、韓国から入ってくる情報をもとに組み立てられていた日本の科学思想は、たとえば生物についての知識も、もっぱら博物誌＝列品陳列の考えにもとづくものだった。それさえも、中国の古典に合わせて日本の自然を読み取ろうという姿勢だった。そして、室町時代末期になって、科学の領域でのヨーロッパとの交流も始まった。

長崎出島は原則オランダ人だけに開かれていたが、オランダ人になりすまして来日する人たちもあった。最初に日本をヨーロッパに紹介したとされる『日本誌』のケンペルは、日本ではオランダ語の発音で知られるが、ドイツ人であり、ドイツ語読みのケンプファーと記すべきだともいわれる。スウェーデンのウプサラで学んでから、一六九〇年に来日してオランダ商館に属し、一六九一年から九二年には江戸参府に同行して日本を文化人類学の視点で調査した。

一六九二年に離日、オランダのライデン大学で学んだ後、一七一二年に『廻国奇観』を著した。さらに日本での調査記録もまとめるつもりだったというが、完成しないうちに亡くなった。彼の収集品はスローンに買い取られ、大英博物館に収められたが、遺稿がまとめられて『日本誌』が上梓された。この書は英語版（一七二七）をもとに、フランス語、オランダ語、ドイツ語でも刊行され、当時のヨーロッパに日本を紹介し、日本への関心を高めるきっかけをつくった。

また『廻国奇観』には、日本の生物も図と、図の扱いで漢字名も紹介され、この書を引用して日本産の生物種が記載された。日本の植物が、西欧科学の手法による地球規模のリスト入りをしたのである。

ケンペルに、次項で述べるチュンベリー、シーボルトを加える三人は、皮肉なことにいずれもオランダ人ではない。当時の北欧では、少なくとも科学の分野では、国境はあまり意味をもたず、優れた学者のところへは向学心豊かな若者が集まり、リンネのウプサラや、ライデン大学などが自然史科学の中心として機能していた。生物多様性の豊かな日本が彼らの注目を集めたのも故なしとはしない。

一方、日本人もまた自然に対する強烈な関心をもっていたし、科学的好奇心も旺盛だった。上述の三人にとどまらず、訪日したヨーロッパの博物学者のもとには積極的に接触を求めた日本人が訪問し、それぞれに科学の方法を学んだ。宇田川榕庵は一八二二年に『菩《ボ》多尼訶経《タニカ》』、三五年に『理学入門　植学啓原』を刊行して botany に植学という語を当てて紹介し、また一八三七年から近代化学の紹介書『舎密開宗《セイミかいそう》』を出版しているが、現在使われている植物学の学術用語にはこれらの書で提案されているものが多い。

シーボルトに学んだ伊藤圭介は、幕末まで名古屋で博物学の発展に貢献した後、現在の東京大学が発足したとき、すでに七十八歳だったが、員外教授という資格を与えられ、植物園で日本の植物の西欧風の様式に従った研究に携わった。日本最初の理学博士であり、死に臨んで男爵を受爵している。

フローラの研究

植物に迫る危機を、モデルとしての絶滅危惧種の現状から描き出そうとすれば、モデルを抽出する基盤となる植物の全貌が把握される必要がある。対象とする地域の植物の全体像を描き出す手法として、まずフローラの編纂が進められる。

フローラは植物相であり、植物誌とも訳されるが、対象地域に生育する全植物種を網羅し、各種の特性を簡潔に把握した集計を指す。英語の flora は植物相、植物誌の双方に相当する語で、西欧では両者は同一の概念とされている。地域植物誌は、その地域に生育する植物の全貌を示す語で、それら全種について、簡単な記載や、扱いやすい検索表（種の識別の手がかりにする表）を付した文献でもある。

最初に編纂された日本植物誌は、チュンベリーによるFlora Japonicaである（Thunberg, 1784）。チュンベリーはスウェーデン人で、分類学中興の祖といわれるリンネの高弟で、彼の示唆で世界各地の調査研究に赴いた研究者のうちでも、南アフリカと日本を訪ね、大きな成果をあげ、帰国後リンネの後を継いでいた息子の後継者としてウプサラ大学教授となり、後にはウプサラ大学の総長も務めた碩学《せきがく》だった。

チュンベリーは一七七五年に出島のオランダ商館付き医師の名目で入国し、七六年には江戸参府に同行して植物学、民俗学などの調査を行ったが、その年のうちに離日している。在日は一年余りだったが、その間、精力的に自身で植物を観察、採集した他、日本人の弟子たちの協力を得て植物標本を収集した。その際、収集した植物標本や、彼に同定を依頼するべく標本を提供した日本人の採集品など、収集された八百余種の植物標本はウプサラ大学に保存されている。

これらの資料にもとづいて、日本の植物の総覧をまとめた最初の『日本植物誌』が、一七八四年に出版された。極東地域におけるリンネの様式に従ったこの植物誌が、西欧風の日本の植物相研究の出発点となった。これが当時のもっとも優れた研究者のもたらした成果だった。その後の研究の発展にとってたいへんありがたいことだった。チュンベリーは後に旅行記も著している。そのうちの日本の記述は、当時の日本を紹介した貴重な文献となっている。

江戸時代に来日した博物学者として一般によく知られているのはシーボルトであるが、彼もまたドイツ人で、長崎滞在中にはオランダ語が怪しいと、幕府のオランダ通詞に疑われたと記録されている。

一八二三年に来日、翌年には鳴滝塾を開き、日本人の指導に当たった。高野長英や伊藤圭介らが学んでいる。江戸参府も行い、楠本滝との間に設けた娘イネは女医となる。植物だけでなく、あらゆる物を収集したが、二八年に帰国しようとした時、禁制品だった日本地図の所持が発覚、いわゆるシーボルト事件に発展、関係の高橋景保《かげやす》らが罰せられた。七巻にまとめられて三二年から刊行された大著『日本』は、ヨーロッパにおける日本学の基礎をつくった。

彼が自然史に関心をもつ日本人の協力を得て収集した植物標本は、後にツッカリーニが堅実な手法で研究し、シーボルトと共著で『日本植物誌』(Siebold & Zuccarini, 1835-70)を刊行した。多方面にわたる収集品はライデンの博物館とライデン大学に、植物標本もライデンの国立植物標本館に収蔵されている。生きた植物も、ジャワ島のゲデ経由でライデンに運ばれ、ヨーロッパに日本の植物を導入するきっかけをつくった。

日本の植物学研究が、日本人自身の手になるより前につくられたもうひとつの日本植物誌として、フランシェとサバチエの『日本植物目録』（Franchet & Savatier, 1875-79）がある。これは横須賀製鉄所の医師として江戸時代末期から明治初期に十年ほど滞在したサバチエが収集した標本をフランシェが同定した記録で、二千九百四十一種に及ぶ植物が列挙されている。これも、標本はパリの自然史博物館ハーバリウムに収蔵されており、今も研究材料として活用されている。


明治時代に入り、東京大学が創設されてからは、日本の植物は日本人が研究するという矢田部良吉の宣言（矢田部、一八九〇）にもあるように、日本人研究者が欧米の研究者と協力しながら地道な調査研究活動を展開した。はじめは文献抄録を基盤としたような牧野富太郎・根本莞爾『日本植物総覧』のようなとりまとめもあったが、並行して、牧野富太郎や大学に本拠を置いた研究者の具体的な研究が展開した。

多くの人たちの貢献にもとづく研究を集大成した大井次三郎『日本植物誌』（一九五三）がまとまると、日本列島の種子植物の基礎的情報はひとまず集成されたというところに達した。大井は後にシダ植物の部分（一九五七）も完成させ、維管束植物の全体像を示したが、これらをまとめて英文版のFlora of Japan（一九六四）として刊行した。基礎的な調査の成果を集成した植物誌が完成してこそ、はじめて植物相の科学的な解析が始まるといってもいいすぎではない。

日本の植物多様性の研究は、二十世紀の後半からは植物相を構成している要素である種の実体を探り、近縁種間の類縁を究める解析的な研究の段階に入っているが、この大きな課題に向けて、究められるべき問題は多い。また、基礎的な調査研究についても、すでにすべてが終わっているというのではなく、概要は知られているものの、さらに詳細、正確な調査研究を必要とする部分も残されている。

一方、植物の同定が比較的容易にできるような条件が整ったことから、地域の植物の動態もさらに詳しく観察され、それと並行して、植物相に迫っている人為による危機の実態も、少しずつ洗い出されることにつながった。

レッドリストの編纂に始まる絶滅危惧種の保全生物学も、生物多様性の動態を知る手がかりとなる重要なモデルとなるものである、というためには、そのような背景が整っている必要がある。

ナチュラリストと日本の植物学

ここで、日本の植物学に貢献している non-professional naturalists の話題に移れば、唐突の感を免れることはできない。しかし、植物と人の関わりという観点からいえば、これは必然の流れでもある。

明治時代になって西欧風の近代植物学が導入される前にも、西欧の科学の紹介というかたちで、botany に対応する植学などという言葉もつくられてはいた（宇田川、一八三五）。しかし、実際に教育体系まで含めて、西欧風の植物学は明治期以後に導入され、日本でも急速に学ばれ、究められるようになった。西欧風の植物学が広く取り上げられるようになったのは明治期以後であるが、それ以前にも植物学がなかったわけではない。中国から伝わった博物学が、日本でも自然を知り、記録する主要な柱になっていた。他の知的所産と同じように、博物学も最初は中国から移入されたものがそのまま尊重され、使われた。いや、春の七草、秋の七草などを選定し、詩歌に自然を詠み込むためにも多くの自然物に名称を与えてきた行為は、すでに自然をどう認識するかの歩みに入っていたものだった。残念ながら、得られる知識を集成し、体系化することはできなかったが、自然の産物を有効に利用する術に関しては古代からさまざまな取り組みがなされてきた。

それをまとまった知識として利用するためには、中国の本草学の手法が取り入れられ、すでに十世紀頃には書物にまとめられてさえいたのだった。

自然とじかに接してきたそのようなナチュラリストの伝統が、今に生きる自然愛好家の活動につながるといえるのだろうか。専従の職業的研究者でなくても、日本列島の自然に関心をもち、生物多様性の現状と由来に解析的な観察の目を向ける人は、物質・エネルギー志向の考え方に汚染されている現在においても決して少ない数とはいえない。

現に、日本列島の植物のレッドリストづくりは、このような人たちの協力がなければ、実際にまとめられたものほど質の高いものにはならなかっただろう（岩槻、一九九〇）。

コラム4

里山放置林

里山という言葉は、きっちりとした定義のないままにいろいろな意味で使われている。この言葉、一九六〇年代に、四手井綱英氏が使ってから広く普及したと説明される。

だが、実際には江戸とか室町時代に使われていた例があると、里山に関心をもつ人たちが考証もしている。

中山間地帯を含め、日本列島の隅々まで化石燃料が入手しやすい価格で行き渡り、いわゆる燃料革命がみられた六〇年代から、薪炭材の供給源だった里山林は放置され、荒廃してきた。そして、その頃になって里山という呼び名が普及するように、人々の関心を引くようになったのである。

里山は、里山林と同義で使われたことから、はじめは農耕地、いわゆる人里の後背地である丘陵地帯などに展開する二次林を指していた。だから、里山の面積を推定するのに、二次林の面積で置き換えたりしたことさえあった。

里山放置林

里山という言葉が広まると、これが人為によって維持管理されてきたみどり豊かな場所の総称に使われることになり、里地里山を一括して里山と呼ぶようになった。人為の影響で原始自然のすがたは変貌させられているが、なおみどり豊かで、とりわけ都会のコンクリートジャングルのなかで機械的な生活を強いられている現代人の郷愁を誘う景観を展開しているということで、二次自然などと呼ばれてこころに憩いを呼ぶ場所とされてきた。

実際には、二次自然というよりは疑似自然で、元来の自然のすがたは残されていない、人為によって破壊され尽くした場所なのだが。

とはいえ、破壊された後が、人に好まれるすがたで維持管理されているのなら、その変貌を破壊とはいわないのだろう。この疑似自然が、今では日本語の自然を意味するようにさえなっている。元来の意味での自然を表現しようとしたら、最近では、真正の自然などと、言葉自身は矛盾する表現をとる必要さえ生じているのである。

狭義では、里山は里山林が展開する場所を指す。それは、人里の後背地で、歴史を通じて、人里ではまかないきれない資源を、小動物の狩猟、茸や山草の採取、とりわけ薪炭材の周期的な伐採による収穫などによって獲得してきた地帯で、それがうまい具合に奥山の野生の動物たちの生活領域と、人里で文明社会を展開する人間の活動範囲との緩衝地帯を形成していた。

　里山林には、晴れた日中には、屈強な若者たちも日常的に作業に入った。わたしたちがこどもの頃には、天気のよい日曜日は、枯れ枝拾いや落ち葉掻きに里山へ通ったものだった。奥山を棲処とする動物たちは、豊かな資源を産する里山林へもやってくるが、人々が作業している間は、奥山に逃げ帰るか、人目につかぬようにじっと音も立てずに潜んでいる。人々が作業に来ない日とか、人々が作業を終えて村へ帰ってからは、野生動物たちの活躍の場所となる。という具合に、うまい棲み分けができていた日本列島では、明治維新の頃まで、中大型の動物には、人為の影響で絶滅する種はひとつもなかった。入会《いりあい》権は人と人の約束だったが、人と動物も、別に約束はしなかったものの、上手に棲み分けを演じていたのだった。

　一九六〇年代になって、化石燃料が中山間地帯でも容易に手に入るようになり、また日本の農村でもそれを買い、エネルギー資源として利用できる程度に、現金収入が確保されてきた。安易にエネルギーが得られると、つらい思いをして里山林で薪炭材を収集する必要はない。現金収入を得る仕事を兼ねながら、農村でも人々は石油ストーブで暖をとり、軽油で風呂を沸かすようになった。

結果として里山林は放置され、荒廃することになった。それが、日本列島を通じての現象だったので、エネルギー革命が起こった、などと形容されるのである。

荒廃した里山林には人が入らないようになった。そこに住んでいたオオカミは人の攻撃を受けてすでに明治期には絶滅していた。里山放置林はシカやイノシシなどの野生生物にとってずいぶん住みやすい場所となった。彼らの個体数は爆発的に増えている。自分らの天国で、思い通りに草を食《は》む。

今では、シカやイノシシは、広い里山域を含めても、個体数が餌などの供給量を上回るくらいになっているらしい。そうなると、行動域は里山域にとどまらず、人里へ出没することになる。人里に育てられている農産物は彼らにとってもごちそうである。しかも、中山間地帯には屈強な若者の数は少ない。村に住む老人たちの力では、膨大な数に増えて攻撃を仕掛けてくる野生動物たちを防ぎきれない。

多くの村で、山裾に網が張り巡らされ、動物を囲い込むというよりは、老人たちが自分たちをかこって生き延びるという様相が展開している。

二十一世紀の日本列島の中山間地帯の景色は、万葉時代のそれとは異なった人と野生動物の関係を見せているのである。

第五章　日本人の桜への想い

桜は日本を象徴する花とされるし、桜を手がかりに日本や日本人が語られることも珍しいことではない。

しかし、いうまでもなく長い歴史の間に、日本人の桜観にもさまざまな変遷が跡づけられる。ここでは、桜を日本列島の植物の象徴として、日本人の自然観を追い、また未来の日本の植物の動態を大胆に推定してみることにしよう。

この章に入って、すぐに気付く人も少なくないと思うが、これまで桜と漢字表記してきたのと違って、第一節では、カタカナでサクラと表記している。生物種を科学的に取り扱うときは、個々の種の生物の和名をカタカナ表記にするのが通例であり、ここではサクラを日本人の情緒からいったん切り離して、植物としてのサクラを科学の対象とする。

もっとも、サクラという名の植物種はない。サクラはあくまでも桜類の総称で、だからサクラは植物学の論議ででも仮名書きにこだわることはない、ともいえる。

第一節　日本のサクラ

日本列島に自生するサクラ

現在の日本人が、サクラといえば脳裏に浮かべるのはソメイヨシノと呼ばれる特定のサクラである。お花見の対象となるのも、もっぱらソメイヨシノである。

しかし、ソメイヨシノが日本のサクラの代表になったのは明治期以後で、歴史のうちではごく最近のひとときのことである。ある意味で、日本人が日本人の伝統から抜け出そうとした時期にぴったり合う。

山部赤人《やまべのあかひと》が詠ったサクラも、西行法師が見とれたサクラも、本居宣長ははっきりそういっている（一七二ページ）ように彼のサクラも、いずれもソメイヨシノではない（もっとも、本居宣長が詠んだ山桜という字で示すサクラは、現在種名として使われるヤマザクラを指すと断定することはできない。そうだったかもしれないし、エドヒガンなど、松阪周辺の里山に咲いていたサクラだったかもしれない。八重桜などの里桜に対して、山桜と総称されていた野生のサクラにはさまざまな種が混じっていたはずであるし、本居宣長の見た山桜がどの種であったかを特定する考証は少々難しい作業となる）。

しかし、それにもかかわらず、現在日本人が古典に出てくるサクラを、特に意識せずに考える時に思い浮かべるのは、たいていはソメイヨシノに代表されるサクラである。実際には、日本に野生し、栽培もされているサクラの内容は、もう少し複雑である。

梅も桃も日本に自生する植物ではない。いつの時代か特定はできないが、ずいぶん古い時代に栽培植物として中国から日本に渡来した外来種である。それに対して、サクラは日本に自生する植物である。もっとも、ここでも「サクラは」と書くが、サクラと呼ばれる種はない。曖昧にひっくるめてサクラと総称される一群の花木で、種名で呼ぼうとすれば、ヤマザクラやオオシマザクラということになる。

それなら、種で数えれば、日本には何種のサクラが自生するのだろうか。バラ科の属の階級の分類は、最近の情報を取り入れてさまざまな修正が加えられているが、おおざっぱな言い方をすれば、ウメも含めた広義のサクラ類には日本の自生種が十五種記録される。その他に、果樹や園芸用に栽培される型があり、ウメにもサクラにも数百と数えられる園芸品種が作出されている。

話がちょっと逸れるが、種といったり、種類と呼んだりする。わたしたちは、種という場合には、生物学でいう species を指し、種類という時には、栽培品種などをひっくるめていろんな型を総称する。種類というのは、英語では kind だが、生物学で分類群の階級（種とか亜種とか変種とかの）を無視して型を呼ぶ時は item という言い方をすることもある。もっとも、生物学でも種の定義はむしろ生物学の永遠の課題であり、これが科学的に定義できるのは、生物学が生物の多様性についてすべてを解明し、生物学が幕引きをする日であるといえる。

最後まで、仮の定義にもとづいた種を単位として生物の多様性を認識し、その生物の多様性が解析されるという、禅問答のような課題である。

本題に戻ろう。モモやウメの仲間はとにかく、サクラという名をぶら下げているサクラ類のうちでも、ウワミズザクラ類は狭義のサクラとちょっとすがたが異なっており、「サクラの仲間ですよ」といっても、「えっ、これがサクラですか」と聞き返されることも珍しくない。

イヌザクラ、ウワミズザクラ、シウリザクラ、エゾノウワミズザクラ、バクチノキ、リンボクがこの類で、本書でも便宜上狭義のサクラ類からは離しておくことにしたい。

その結果、最狭義のサクラの仲間の日本列島の自生種といえば、ミヤマザクラ、チョウジザクラ、マメザクラ、エドヒガン、タカネザクラ、オオシマザクラ、オオヤマザクラ、カスミザクラ、ヤマザクラの九種をあげることになる。変異が観察され、いくつかの種内分類群の認識につながっている場合もあるし、自然交雑で生じたと推定される型に別の名前を与えられている例もある。

いずれにしても、これらの種はすぐに絶滅の危機に追いやられる状態にはないと観察され、現在多くの種に見られているような危機が、すぐにサクラの種の特定のあれこれがなくなる日につながるという心配はなさそうである。

サクラは花で観賞もされるが、材として利用もされてきた。オオシマザクラは伊豆諸島に固有のサクラだったと推定されるが、関東南部などでは有用樹木として早くから栽培され、活用されていたようである。同時に、いつ頃からか花を観賞するために、庭園木としても利用されてきた。桜餅を包む葉としては、オオシマザクラが最適とされる。

オオシマザクラは、原種のままでも、また、ヤマザクラ、カスミザクラ、オオヤマザクラなどとの交雑型も、庭木として栽培され、里桜と呼ばれて親しまれている。ナラヤエザクラと呼ばれる里桜はカスミザクラの花弁が重弁化したものと推定される。ナラヤエザクラは垂直分布ではヤマザクラより上部に生える種だが、里桜の原種でもあるらしい。

ナラヤエザクラは平安中期の女性、伊勢大輔《いせのたいふ》の、

いにしへの　奈良の都の　八重桜　けふ九重に　匂ひぬるかな

の歌にかかわる物語に名前を見るので、十一世紀にはもう作出されていた品種なのだろう。日本人のサクラの観賞の歴史からいうと、この里桜が演じた役割は見過ごすわけにはいかない。

なお、サクラの実はサクランボである。西欧ではサクラといえば実を意味し、cherry はサクランボで、植物としてはミザクラを指す。サクラの花を語る時には、わざわざ cherry blossom というくらいである。日本語のサクラと英語の cherry にはそれくらいの差があるが、それがサクラに対する日本人と西欧人の感覚の違いでもあるのだろう。

日本でも最近はヨーロッパの人々がびっくりするほど高級な（品質でも価格でも）サクランボが生産されるが、このサクラはわざわざミザクラという名で指標される。栽培用の

セイヨウミザクラと中国渡来のカラミザクラ、シナミザクラがある。

ソメイヨシノの実体

現在では、サクラといえばソメイヨシノである。しかし、そのソメイヨシノ、実際には江戸時代末期になってはじめてすがたを現したものらしい。それまでの日本人のサクラとのつきあい方は、ソメイヨシノの出現によって大きく転換したともいえる。

ソメイヨシノはエドヒガンとオオシマザクラの交雑型である。明治時代に入ってから、染井村（現 東京都豊島区）の植木屋が売り出したものと記録される。

和名は一九〇〇年に名づけられた。実際には、伊豆地方などで、江戸時代末頃に自然雑種として出現し、栽培していたものが、染井の植木職人の目にとまったものではないかと推定されてもいる。また、その頃に、染井村などの植木職人が人工交雑をして作り出した型だという説もある。江戸時代後半の、日本における育種の技量の素晴らしさからいえば、後者の説に乗る意見が多いのも理解できる。

もっとも、種形成の実際の由来を正確に跡づけることは今では困難であるが、系統解析によって、この型がエドヒガンとオオシマザクラという二種の間の雑種起源であることは

ソメイヨシノ（小石川植物園）

きちんと詰められている。交雑型で、種子による繁殖ができず、もっぱら接ぎ木などで増殖され、栽培されている株はほとんどがクローンである。

葉が展開するより前にいっせいに開花し、短期間ではあるが、満開の花がたいへん華やかであるため、入学式、入社式の背景になくてはならないものとなって、小学校等にも広く栽植されるようになった。

サクラは積算温度の量に触発されて開花する。サクラの花芽は夏につくられ、その後休眠を続ける。冬に一定期間低温状態におかれると休眠が打破され、花芽が活動し、その後の温度の総量が開花の時期を決めるのである。最近の地球温暖化や、都市部のヒートアイランド現象によって、ソメイヨシノの開花日はどんどん早くなっているが、これもサクラが人に警告している環境の変動といえる。

わたしたちのこどもの頃には、小学校の入学式はサクラの花びらに包まれながら、といっていたが、最近では三月中に満開になることが多く、入学式の頃にはもうソメイヨシノは葉桜になっている。半世紀ほどの間に、日本列島はずいぶん温かくなっていると実感する事例でもある。

ソメイヨシノはまた、公園等を彩る代表に使われ、お花見といえばソメイヨシノを観賞する酒食の会と理解されるようになったのも、明治期以後のソメイヨシノの広い分布にもとづいている。葉が展開するより先に花が咲き、薄紅色の樹冠が見事な景観を展開するのも、明治期以後の日本人に好まれる理由のようである。日本のサクラといえばソメイヨシノになってしまったのは、西欧化と並行するもので、短期間の間にサクラのイメージをこれだけ単調に一新してしまったのもこの特定の種の威力である。

ソメイヨシノには、とりわけ戦争との関わりが強く印象づけられることにもなった。パッと咲いてパッと散る、というこの種の花の性状が、軍人精神の涵養を象徴する上で都合がよかったのだろうか。本居宣長に発し、その後極端に偏向しながら発展することになった国粋主義が、「大和ごころ」と山桜花を結びつけてお話をつくると分かりやすかったということもあったようである。

予科練（海軍飛行予科練習生）の制服の七つボタンはサクラに錨の図柄が取り入れられた。実際は、本居宣長の短歌の解釈は歪められてしまったし、明治期以後の西欧化と並行して育てられたソメイヨシノに、日本人の伝統を印象づけようとしても無理がある。富国強兵の意義を説明するためにそのような無理をあえてしたところに、すでに破綻が予定されていたと、日本のサクラは知っていたかもしれない。

もっとも、第二次世界大戦後になって、ソメイヨシノは若木にも花が咲かせられるようになり、この種はますます列島に広く栽植され、まさに日本のサクラの顔になっている。今では、サクラの開花といえば、気象庁が定めたいくつかのソメイヨシノの標準木の開花を意味するようになっている。日本列島にとどまらず、ポトマック河畔での栽培を嚆矢《こうし》として、世界の各地でも日本のサクラとして植えられるのは、もっぱらソメイヨシノになっている。

「サクラがなくなる日」が来るかもしれない

日本のサクラの自生種には、レッドブックにあげられている種はない。まだ、どのサクラの野生種を取り上げても、これだけ甚だしい人為の影響があるというのに、絶滅の危機に追いやられている種はないのである。

それどころか、人為によって栽植されているサクラの個体数は膨大な数に上っている。日本列島、春のひとときはサクラで埋め尽くされるといいたいくらいである。

しかし、それならサクラがなくなる日のことなど、誰も考えなくていいのか。安全だ、安全だといわれていた構造が、想定外の災害が襲来すると脆くも崩れてしまうことだって現実である。目下優勢だからといって、サクラの未来をサクラの現状だけから想定するのは危険である。

絶滅危惧種の調査研究をする目的は、生物多様性の現状を指標するモデルの描出であると述べた。個々の生物種の動態から、特定の種に絶滅の危機が及んでいることを知るのはきわめて残念で深刻な問題であることはいうまでもない。

しかし、絶滅危惧種が生じるという事実は、絶滅に瀕する特定の種が惜しいという話にとどまるのではない。一種でも危険な種があるということは、それだけ生物圏全体に危機が及んでいる現実を指標する。生き物は一種一種が勝手に生きているのではなく、長い進化の歴史を背負って、すべての生き物が相互に直接的間接的な関係性を分かち合って生きている。そのうちのある一種の絶滅は、生き物全体の生に変化が生じているきびしい現実を指標している。

レッドリストを編むことは生物多様性の現実を明示することであり、すべての人々がその現実を理解し、危険が迫っている場合にはそれに対応する確実な行動を起こすことができるのなら問題はない。しかし、現実には、残念ながら、甚だしい危機が仄《ほの》見えているというのに、大多数の現代人はその現実にははなはだ無関心である。ということは、考えたくないことだが、この地球の生物多様性に及ぶ危機はますます拡大することを意味している。

生物多様性に及ぶ人為の危機が、生物多様性の維持を不能にするだけの閾値を超えるなら、考えるだけでもおぞましい話ではあるが、その場合には地球上の生物多様性は崩壊の危機に追いやられる。リストに載せられている特定の種だけが絶滅に追いやられるのでなく、生物多様性そのものが崩壊するように、大多数の種に生存の危機が訪れる。

その時、サクラだけが生き残ることのできるわずかな種のうちに含まれると予測する根拠は何もない。生物多様性の崩壊する日、それはサクラにとっても地球上に存在を許されなくなる時である。サクラのなくなる日が来ない、と断言できる人は誰もいないのである。

第二節　日本人と桜

上代における美意識と桜

桜という語のもっとも古い出所は記紀の記述による木花開耶姫《このはなのさくやびめ》で、この美少女が桜の精だったという。

しかし、ここでは桜という音もまとまっていないし、この姫が桜の精であったというのも後からの、少々こじつけの説明のような気がする。桜という字が出てくるのは履中天皇の時代の話として、若櫻部という命名があったという箇所であるが、これも史実が記録されているというよりは、名前について、記紀が編まれた八世紀頃の解釈が入っていると見なしていいものではなかろうか。

すでに桜の美に注目があつまっていた頃に、「昔こんな話があったそうな」と命名譚を展開したものであろう。

『日本書紀』の「允恭紀《いんぎょうき》」には桜という字の出てくる歌が詠まれており、仁徳天皇の後継者の時代になると、数は少ないが桜を歌った歌がみえ、当時の日本人のある人たちには桜が詩情をくすぐる花になっていたことを示しているといえるだろう。

縄文時代の日本の遺跡からは、花など、後世には美しいと評価されるものの遺物は目立たないそうである。

ギリシャでは、すでに四千年前の遺跡に、墳墓を飾る花の絵が見られるが、日本では、古墳時代になってもなお、残された植物は生活関連のものばかりで、美意識を優先して身の回りに置かれたものはなかったようである。

『万葉集』でも、花を賞《め》ずる桜よりも実利を目途に栽培された梅を詠んだ歌が圧倒的に多かったように、植物とのつきあいも実用的な面が目立っており、美意識を通じて美麗な花へのあこがれに結びつくことはなかった。

桜だって、はじめから美意識の対象だったのではなくて、たぶん材などの利用を通じて人と馴染むことになったのだろう。ヒトは野生の動物だった頃から、植物とも関係性をもち合っていた。

しかし、この関係性はすべて生きるための、いうなれば実用的な関係だった。万葉時代の桜への意識が、実用的なつながりで見る桜への認識だったか、桜を美しい花木と捉えたものだったか、正しい解釈は難しい。しかし、万葉時代に始まった植物に感応する美意識は日本人の伝統となって展開し、華美なものに傾倒するよりも、「山路来て何やらゆかしすみれ草」につながるさび（寂）のこころにいたるまで生き続ける。

美意識を演じる花として、とは別に、桜も有用植物として利用されていたことは確かである。オオシマザクラの材が活用されたのがいつ頃だったか、記録にはないが、伊豆諸島の自生の分布域からおそらく伊豆半島を経てだろうか、南関東の沿岸部などに栽植されるようになったのは、最近の話ではなかっただろう。

クマリンの芳香を愛で、餅を桜の葉で包むのも、お茶菓子用の現代風の使い方をするよりは、ずい分前からだったと考えたい。

日本列島に住む人たちが、花よりもみどりを愛してきたのはなぜか。この問題に科学的な解を得るのは難しい。

客観的な状況としては、日本列島は多様な植物たちに恵まれている。ふんだんにあるものの恩恵は、なかなかありがたいとは理解されない。アフリカから地中海地域、中東で展開した西欧文明は、みどり豊かな背景をもたなかった。

少なくとも、中東などでは、早い時期に人の営為が山野を砂漠化させてしまった。そういう世界では、こころの癒しを美しい花に求めるのは、知的な活動を始めた人の最初のストレス解消法だったのではあるまいか。

一方、日本列島に住み着いた人々にとって、四季を彩る花とみどりは自分たちの暮らしと一体化していた。あらためて身の回りに集めて飾り立てなくても、花やみどりは常にそこに存在し、それを必要とする場合の人々のこころの慰めとなっていた。孝行をしたい頃には親はなし、というように、親の愛もそれが与えられなくなってはじめて意識される。日本列島では、花もみどりも常に豊かに恵まれていたから、あらためて求められることがなかった。コンクリートジャングルのなかで住むようになって、はじめて花に癒しを求めるようになったのが現実に見る歴史である。もっとも、そう記述しながら、みどり豊かに開発された二十世紀の日本列島では、西欧文明の影響を強く受けてからは花卉《かき》園芸が盛んになるという展開も見ている。

奈良時代になっても、日本人が愛好する草花は、第一章でみたように、山上憶良によって詠み込まれた秋の七草だった。桜も菊もまだ花として評価されていない。それが、平安前期にはもう、

見渡せば　柳さくらをこき混ぜて　都ぞ春のにしきなりける

素性《そせい》法師

と詠まれる景観をつくりあげ、賛美するようになったのはなぜか。平安京という都市を育てたことが、桜に美を求めるようになったきっかけだったか。しかし、山上憶良は役人として生きていたのに対して、西行法師は武士としての務めを捨て、ひとすじに美を求めて桜に没頭した。

最高級の貴族ではなかった山上憶良もその例とされるが、『万葉集』には防人など庶民の歌が採られている。しかし、ここでいう庶民とは誰だろう。山上憶良も中級の上の役人という。高級でないとはいうが、歴史書に名を残すだけの地位の役人である。閣僚名簿に名が載るほどの人ではなかったにしても、ある程度高位の役人には違いない。朝鮮半島からの帰化民との説もある。防人の歌も、ほとんどは地域から派遣される軍人のうちの、それでも十人隊長などそれ相当の階級の人だったらしい。奴隷に準じる一兵卒が詠っていたのではないようである。

山上憶良の階級の人たちが、日本の自然とどのように接していたかは、『万葉集』などのおかげで、ある程度まで正確に知ることができる。中級以下の階級の役人たちも、防人に動員される地域の農民たちも、和歌を詠んで生き甲斐を表現することができた。

飛鳥から奈良の時代には、たとえ和歌は日常の意思伝達の手段のひとつだったとしても、その程度の文化が庶民の間にも展開していたのである。それは、植物と実利の観点だけで接触するのではなくて、美意識の対象としても見るようになった時代の到来でもあったのだろう。

平安貴族と桜

京都御所の左近には、はじめ中国の貴族の庭園樹にならって梅が植えられていた。それが枯れたとき、仁明《にんみよう》天皇の時代に、桜が植えられた。なぜそのとき桜に代えられたか、理由を示す記録はない。

しかし、『万葉集』の題材では梅が圧倒的に多かったのに、『古今和歌集』では桜が多く取り上げられている。奈良時代までの梅から、平安朝では急速に桜に人々の美意識が移行したという事実があるのだが、その背景は何だったのか。日本人の美意識が、果実を利用したミウメから花を観賞するハナウメに移行するように、花を観賞するならサクラへと移行したのは歴史上の事実のようである。

この歴史を描き出した日本人の意識は、日本列島の自然の特質とどのように関わり合っているのか、興味はあるが解析の難しい課題である。

平安時代後期に、和歌という手段を通じて桜を強烈に訴えたのは西行法師である。俊成、定家の指導のもとで技巧に走ることになった貴族階級の歌が多い勅撰和歌集で紹介される桜は、華美を強調するものになったが、それとは違った環境で、武人→修行者として生きた西行のこころの動きが、終生語り続けた桜で表現されているのを、いかにも日本人だと思うのが、西行こそまさに桜は日本の花と定着させた背景なのかもしれない。西行は生涯に二千余首の歌を詠んだと記録されるが、そのうち二百三十首が桜の歌だったと数えられる。

願はくは　花の下にて春死なむ　その如月の望月の頃

と詠んで、その願い通りに七十二年の生涯を終えた。

激動の時代を、桜を愛で、祈りに過ごした西行は特殊な立場で桜を見ていたというものの、戦《いくさ》に勝った人も負けた人も、貴族も武家も庶民も、平安の貴族階級の繁栄から鎌倉時代への変化に応じて、桜は人々のこころにさまざまな情感を与えてきた。

京の都を活動の舞台とする平安貴族の桜への傾倒が、詠まれた和歌からも読み取れるとしても、戦火に痛められた歴史を経た桜への愛着の極め付きは、戻ってきたひとときの平和を楽しもうとした豊臣秀吉による醍醐の花見といえようか。

権勢と富を表現するために、各地から満開の巨木を運ばせて醍醐を桜で埋め尽くしたという。切り花を集めるように、株立ちの樹を移植する、まさに壮大な力の誇示である。

こうなれば、桜は美の象徴から、力の表現の道具にされる。醍醐の花見は桜を使った、桜の観賞とは別の目的に転化された演技だった。もっとも、満開の桜を株立ちの樹で移植する観賞法は、江戸時代の吉原でも例年の行事になっていたと記録され、秀吉の権力誇示だけを記録する事例とはいえないようではある。

市民のお花見から軍歌まで

江戸時代は、とりわけ前半には度重なる災害に苦しめられたりもしたが、二百五十年の平和のおかげもあって、日本人の多くが安定した暮らしを楽しんだ時代だったらしい。

わたしたちが学んだ歴史の本では、封建社会で人民は貧困と圧制に苦しみ、維新の改革でやっと豊かな社会に展望が開けるようになった、ということだった。だが、実際には、江戸時代、とりわけ後半にもなると、農村でも人々の生活は安定し、寺子屋に学ぶこどもたちの教養の程度は高まり、ものを大切にし、廃棄物などつくり出さない清潔な社会をつくり出していた。

むしろ、維新によって富国強兵を目指す社会をつくろうとしたことから、思想統制が厳しくなって知的な自由活動は制限され、やがては、「欲しがりません勝つまでは」などと、物質面でも辛抱を強いられるようになったのだった。

江戸時代の京都の宮廷貴族の貧しさは、平安時代と比べてその盛衰をみることではあるが、一般市民の安定した生活は、講の制度にのったお伊勢参りなど、多くの人が国内を旅した例にもみられる。かつては宮廷貴族限定だった雛祭りや端午の節句などの行事が農村にまで広がり、鯉のぼりが泳ぐ姿が地方でも見られるようになった。

八代将軍吉宗の頃には、河川の堤防強化などと理由付けはあったかもしれないが、桜の植樹が拡大され、市民がお花見を楽しむ余裕もできてきた。

桜の開花にこと寄せて、知己が集まって野外で酒食のパーティを派手に催す平和を象徴するような、年中行事が育っていたのである。ヤマザクラなど日本の固有種から栽培に馴化した型が作出されたが、並行して八重の里桜系にもさまざまな品種が作り出された。

落ち着いた時代背景が、飼育栽培動植物の多様化をもたらす育種の技術の向上を促し、大名にも菖蒲《あやめ》、カキツバタなどに熱中する人があったように、庶民の野草栽培熱も高まり、変わり葉などの変異型にも注目が集まった。大名や富豪、またその家族のうちに、多様な動植物に関心を寄せる人たちが増えていた。

同時に、文芸の世界でも、日本の伝統を見直す動きがあり、鎖国の影響もあってか、日本固有の考え方を模索する動きが出てきた。本居宣長は研究成果を『古事記伝』にまとめたが、その学問の体系が、

敷島の大和ごころを人問はば　朝日に匂ふ山桜花

となったのである。鈴屋《すずのや》に座して読書に明け暮れた人が、お花見で泥酔したことはなかっただろうが、里山に咲く桜には日本のこころを読み取ったということだろうか。もっとも、彼の国学をさらに展開させた人たちの国粋主義への偏向が日本をどのように歪めた

かは後の時代でみる話である。

明治維新以後、桜といえばソメイヨシノを指す言葉になってきたし、里地に植えられる桜は八重系統の他はもっぱらソメイヨシノに覆い尽くされた。

確かに、ソメイヨシノは若い樹にも花が付き、こうなると一本の樹で観賞するより、川沿いの並木や、くねくねと斜面を登る山道の並木に植えられ、山の斜面一面に咲く景観で、人々に強い印象を迫るようになってきた。その影響か、

万朶《ばんだ》の桜か襟の色
花は隅田に嵐吹く
大和男子《やまとおのこ》と生まれなば
散兵《さんぺい》綫《せん》の花と散れ

と、帝国陸軍の行進歌「歩兵の本領」、通称「歩兵の歌」の一番の歌詞に描かれるようになった。予科練の、七つボタンは桜に錨、もこの系統である。ソメイヨシノのパッと咲

いてパッと散る咲き方は、まるで日本の伝統のように語られたが、実際には明治期以後の富国強兵路線に偶然一致していた付け焼き刃だった。

明治期以後の日本人の伝統には、西欧文明の強い影響力が働いている。まさにグローバリゼーションである。文芸に取り上げられる桜に死生観が及んでいるという見方（小川、二〇〇四）などもあるが、西欧思想を取り込むことと桜を素材に用いることで上手な調和を描き出しているということでもあるだろう。ただし、ここでも、対象とする桜がヤマザクラではなくてソメイヨシノであることに意味があるのだろう。

日本人のこころが京都をふるさととしていたことから、東京を主軸に考えるようになったことへの転換が、京都で千年かけて日本のこころに育ってきた桜から、江戸で作出されたソメイヨシノへと展開した歴史が上手にフォローしているとも説明できる。それでも、西欧化を文芸で主導しようとした『新体詩抄』には桜は出てこない。

この書、編著者のひとり矢田部良吉が東大植物学の初代教授で、日本の近代植物学の創始者であることも象徴的な事実かもしれない。東京大学植物園に植えられたソメイヨシノを基準木としてソメイヨシノの学名を世界の学界に向けて発表したのは、管理と呼ばれていた矢田部の後を継いで、形式上は初代園長だった松村任三だった。

さて、わたしたちが今日みている桜、日本列島の春を彩るこの花木は、もともとの自生種もそれなりに自分の生活場所の生態系のなかで生き続けているし、人々の管理下で遺された古木、老木、巨木が地域を代表する樹ともなっている。

ある特定の地域で、特定の種がすがたを消す話題はあちこちから聞こえてくるが、逆に桜の場合は天然記念物などで保全しようという動きも、他の生物種よりも素早い対応が可能のようである。各地で町おこしの一環として桜の名所がつくられ、春のひととき、美しい景観が人々のこころに日本人であることを呼び起こしている。平安時代に日本を代表する花となって以来、桜は日本を代表する花であり続ける。

個別の花と景観の美

桜はひとつひとつの花が鑑賞されるのではない。しだれ桜や著名な巨木、老木を除けば、とりわけソメイヨシノで楽しむお花見などは、群生した樹木による景観を楽しむ。桜が日本人の美の観賞の仕方を代表するとすれば、この植物観は日本人の感覚を適切に物語るものだろう。

上代に定まっていた春秋それぞれの七草は、当時の日本人が関心を示した季節代表の草花たちである。春の七草は七草粥から始まるし、これは薬膳と並行した健康食の材料というおもむきがある。美的に整った草花を集めたというものではないので、美意識を表しているというよりは、生活のスタイルを示しているものだろう。

同じように、秋の七草も、こちらは食べるわけでも薬にするわけでもないが、かといって現在の美意識でいえば、美しさに惹き込まれるという顔ぶれでもない。フジバカマは香草として役に立つし、クズは根茎から澱粉を取る材料という意味合いが強かったのだろう。

現在なら、秋を代表する日本の花は菊だけれども（フジバカマがキク科植物であることに目をつむれば）、菊は秋の七草には入っていない。

春と秋の七草もそうであるが、梅、桃に続いて、桜も個々の花を観賞する花木ではない。ヨーロッパで花といえばバラであり、チューリップである。

明治期以後、西欧文明に服従した日本でも、今ではこれらの花を珍重する。バラの場合など、原種に日本の種が大切な役割を果たしていながら、ヨーロッパからもたらされたハイカラな花とされる。そういえば、アジサイもイギリスで育種されて日本へ逆輸入された鉢植えの品種はハイドランジアと学名のカタカナ書きで呼ばれ、外国の花のように珍重される。

ハナミズキやユリノキなどに見るように、欧米のものでも、花木には個々の花を観賞するよりは景観の美を楽しむものもある。それでも、ハナミズキで植物学的に厳密に個々の花が何かを議論さえしなければ、これらの花木でも桜と比べればひとつひとつの花（またはそれに擬せられるもの）の美しさも見てはいる。

ソメイヨシノの花（小石川植物園）

花木でも、タイサンボクやマロニエになると、これは個々の花（や花序）が観賞の対象となっている。日本では花木が多様性に富むので、椿や皐月は確かに個々の花も大きいといえば桜より大きいが、それでもこれらも個々の花を観賞するというよりは景観を楽しむ部分が主要で

ハナミズキ（小石川植物園）

ある。

その意味で、ポトマック河畔の桜が、純粋に西欧的感覚のアメリカ人にどのように受け入れられているのか、日本人の伝統的な美意識の理解のためにも、知りたいものである。桜の返礼に届けられた花木がハナミズキだったことも、この辺の事情を説明する傍証となるかもしれない。

コラム5　梅と桜

『万葉集』で取り上げられる花木としては梅が桜を凌駕しており、『古今和歌集』になると桜が主流になると紹介した。

背景としては、梅が実用の樹であるのに対して、桜は美しい花を観賞するものだった、と説明されることが多い。確かに、梅は実が薬用として使われることから、早い時代に導入された種で、具体的な薬効だけでなく、『古事記』の記述にもあるように、厄除けなど、祭祀上の意味ももった植物だった。

今では、ハナウメが話題になることが多く、梅園といえば花を観賞する場である。和歌山県南部《みなべ》の梅など、実を取るのが目的でありながら花も観賞されるのはむしろ例外的ともいえそうである。

桜といえば花だけが話題にされる。しかし、横浜市の寺家《じけ》ふるさと村あたりのヤマザクラは株立ちが主流である。高さ二十から三十センチメートルの切り株も見ることがある。ごく最近まで、木材として利用されていた証《あかし》だろう。実際、桜の材は工芸品などにも使われたらしいし、樹皮も有用だった。オオシマザクラが、原産地の伊豆諸島から本州へ運び込まれたのも、有用樹種としての導入だったのだろう。原始、人と植物のつきあいは、どれだけ役に立つかで緊密さが左右されていた。

種子を取る梅からハナウメが育種され、花の美しさが観賞され始めた頃、それは人が花の美に、物質的な有用性とは違った意義を見出した頃である。有用樹種として栽培されていた桜の花が景観として意識され始めたのもその頃だったのだろう。

もちろん、くたびれたこころの癒しとなるのも一種の薬効かもしれず、これも有用性の範疇に含めていいものだろうが、ただし物質的な有用性とは異なっている。こころの癒しが必要になるのは、こころの病が生じてきたためでもある。早くいえば、人がストレスに苦しめられ、ストレス解消を求めるようになったのである。

奈良の都が都市のすがたを整えるようになった頃から、都市に住む人々が花の美に惹かれるようになった。多様な植物からの隔離が、人間関係を知的な課題だけに専念させるようになってきた。花とみどりに触れることが乏しくなった人たちが、自分たちに恵まれていたものの意味をはじめて意識するようになったということだろうし、そうするだけの物質的な豊かさに恵まれるようになってもいたということなのだろう。

その意味で、梅から桜への転換はきわめて象徴的な変化だったといえよう。

第六章
自然と共生してきたわたしたち

桜は日本を象徴する植物のひとつである。桜に寄せる日本人の思いは時代とともに変遷を経てきたが、日本人が己のよりどころである日本列島に寄せてきた思いも時とともに変遷を重ねてきた。

歴史をつくり出したものが何だったのか、ここで詳述する余裕はない。ただし、桜に寄せる思いが大きな舵を切ってきたように、明治期以後の一世紀半、日本人の日本列島とのつきあい方にも大きな変化が刻み込まれた。

そのうちの、誉められるべき点は何か、今急いで修正を必要とする欠点は何か、わたしたちはそれを冷静に見つめ、自分たちの行為によってよりよい日本列島の明日を、そして地球の未来を創り、育てる責任を負っている。

そのためにも、日本人が、人と自然との共生を生きてきた歴史の変遷を、現在の視点で振り返ってみよう。

第一節　日本列島の景観と開発

上代の頃の自然観

人と自然との共生の真の意味を理解するためには、人は地球をどのように開発してきたかをみることから始める必要がある。

その意味で、日本に固有の人と自然との共生という生き方を考えてみたい。日本人の生き様を的確に表現するこの概念は、日本人による日本列島の開発にその真のすがたを刻んできた。日本列島の開発が、人と自然との共生を演出するかたちで進められたというのなら、それはどのように列島のいまに生きているのだろうか。

『万葉集』には、『詩経』や『聖書』に比べて、植物や自然についての描写がはるかに多く出てくる。これはすでに中尾佐助（一九八六）に指摘されたことでもあるが、服部保ら（二〇一〇）は『万葉集』を丁寧に読んで、当時の日本列島の景観を再現しようと試みた。そういう作業が可能なくらい『万葉集』には自然が満ちている。

『万葉集』では自然や植物を詠んだ歌が多いだけでなく、貴族や一部の職業的文芸作家の作品にとどまらず、広く庶民の歌を集めて編集されていることにも注目したい。防人の歌など、必ずしも一兵卒の歌ではなくて、士官以上のクラスの人のものらしいが、それにしても地方の人たちも含まれている。

これが『古今和歌集』になると、勅撰集らしく、貴族階級の人たちの作品が集められており、それだけに、本歌取りなど技巧を凝らした作品が多くて、現実の自然景観を自分の目で見て正確に描写したものかどうか疑問とすべきものが少なくない。

『万葉集』の場合、素朴な作家が多いといういい方もできるかもしれないが、日本列島の自然を、各地に住まうふつうの人たちが描き出したという点では、七、八世紀の自然の記録として、世界に他に例を見ない貴重な人類学上の文献でもあるといえるだろう。

そういう視点で『万葉集』の語る日本列島の景観を、服部らの整理に従って見てみると、すでに上代には、日本列島の広い範囲で人が定住し、農耕を始めている人里（＝里、かっこ内は当時の呼び名）と、八百万の神の住処として人が過剰に開発することのない奥山（＝奥山）と、その間に展開する里山（＝山）とが仕分けられていた。

しかも、この区分、ごく最近になって科学の最先端の情報から理想的と判断するようになった核心地域、緩衝地帯、人が利用する区域の三区分に見事に対応する。

わたしたちの先祖は、効率だけを目指して日本列島を絨毯的に開発するようなことはせずに、本来の八百万の神の住処と、人が利用させていただく場所とは区別し、その間に緩衝地帯を設けて棲み分けを維持していたというのである。

神の領域である奥山は、野生の生き物たちの生活場所であり、人は自然の一部を開発させていただいた人里で、効率的に必要な資源を生産し、里山から補助的な資源を狩猟採取の方法で獲得して生きてきた。昼の間、奥山の棲処から里山へ出てきた野生動物たちは、そこで人が活動する間はひっそりと姿を隠し、人がいなくなるとそこも活動の場として利用し、野生動物と人との棲み分けはうまく営まれてきた。

その関係が、明治維新まで中大型の動物をただの一種も絶滅に追いやらなかった日本列島の人と野生生物との共生を演出してきたのである。もちろん、そうなるようにと意図したことではなかったし、結果として理想的なすがたが導かれていただけなのではあるが、その由来の貴重さを、なぜそのような結果を導くことができたかというつながりをたどりながら考察しておくことは肝要である。


列島のごくわずかな平地や谷地《やち》を利用して人里をつくり、村をつくってきた先祖たちは、八百万の神の領域を借りることを神に感謝した。そして開発した人里には、必ずそこにあったもとの森の自然を尊重し、奥山の依り代である鎮守の杜を招来して、八百万の神の守護を祈った。村に住む人たちは、自分たちの氏の守護を氏神を設けて祈り、氏神の住処として鎮守の杜を護ってきたのである。

わたしが日本の各地でフィールドワークを行った一九五〇年代後半から六〇年代など、一時的に作業場となったような辺境の小さな集落にでも、必ず氏神に類する祠がつくられ、それを覆う木立が見られたものだった。

それが、上代から現代まで続く姿を素直に現していたものかどうか、しっかりした跡づけをしたわけではないが、わたしたちが祖父母など老いた世代から受け継いできた日本人の伝統には、万葉の時代を彷彿させるいくつもの言い伝えが遺されていたように思う。

里山は日本人のこころ

上代からずっと続いてきた日本列島の開発の歴史を振り返ってみると、日本人が伝統的に自然との共生を生きてきた経過が見えてくる。

人と自然との共生は、日本人の生き方そのものだったのである。突き詰めていえば、すべての物に八百万の神の影を見、自分を大切にするようにすべての物を大切にしながら接してきた日本的な自然観が、日本列島の開発を理想的に描き出し、自然を持続的に利用する歴史を演出してきたのだった。

自然と共生するこの日本人の生き方は、もともと人が進化し、文明を発達させてきた普遍的な生き方からいえば、例外的な型である。そもそも人類が地中海を渡ってアフリカからユーラシア大陸に到来してから、最初に顕現させた環境との相克は、中東地域の砂漠化だった。

もちろん、この結果をもたらしたのは、人の活動だけではなくて、気候変動の時期にあたっていたことも大きな影響を及ぼしていたとされる。しかし、繁茂していたらしいレバノン杉の林を伐開したのは、どうやら新しくやってきた新人の、進んだ技術を活用した行動だったようである。やがてヨーロッパに移動し、たぶん先住のネアンデルタール人を駆逐したらしい新人たち、いいかえればわたしたちの祖先は、新石器時代に入る頃には、その地の森林を絨毯的に開発して農地に転換した。

現在、ヨーロッパに展開する美しい田園風景は、そのように、新人の活動によって人為的につくりあげられてきた。人為を自然の反対語と理解するなら、その眺めは、自然破壊の産物としてつくり出した景観といえるのである。

この開発の方式は、ずっと遅れてアメリカ大陸へ渡ったヨーロッパ人たちがそのまま踏襲した。そのままというより、時代が下っているだけに、より効率的に、といった方がいいかもしれない。当時の進んだ技術を駆使して、ネイティブアメリカンたちの伝統的な生き方を追放し、すべての土地に面としての開発を展開した。すぐ農地に転用するべきところでなくても、ネイティブアメリカンの行動に恐怖を感じたからでもあったが、森林は伐開して広い視界を展開することを期待した。

このやり方は、ごく最近、ベトナム戦争でマングローブ林まできれいに切り払ったやり方につながっているといったら話を大げさにしすぎだろうか。

話を戻そう。日本では、地形が妨げになったとはいえ、絨毯的に森林を伐開し、土地を開発するようなことはしなかった。結果として理想的な土地の開発のモデルになるように、核心地域としての奥山を確保し、総面積のうちわずか二十パーセントほどの広さの平野、盆地や谷地だけを農地に転換し、奥山と里地との間には緩衝地帯の役割を演じてきた里山を設定した。

それも、日本列島全域について、そのような開発の方式に従ったのである。列島全体がよく似たかたちで開発されたため、里山の緩衝地帯としての役割も理想的に効果を示して

伝統的な里山の景観（川西市黒川）

きた、明治維新の転換期までは……。

一九六〇年代になって、化石燃料が田舎の住民でも容易に買える値段で供給され、中山間地帯にまで広く供給されるようになって、伝統的な薪炭材の需要は急速に萎えてきた。里山で薪炭材を周期的に伐り出す作業は必要でなくなった。上古から連綿と活用されてきた里山のもっとも基幹的な意味が薄れてしまったのである。

地域の人々が里山へ入る機会もぐんと減ってきた。利用することで、必然的に管理されていた里山が、主要な目的が不要となったことから、地域の人々から見放されることになった。きれいに維持されていた里山が放置され、荒廃した里山放置林だけが展開することになった。皮肉なことに、里山が放置され、人々から見放されるようになった、エネルギー革命が始まった一九六〇年代になって、里山という言葉が爆発的に広がった。人々が里山への郷愁を、あらためて里山という言葉を使って確かめ合いはじめたのである。

数年前、兵庫県川西市で、今も伝統的な里山の景観が保たれている黒川地区の里山管理に携わっている人たちが中心に企画されたシンポジウムで、日本人だけがこのようなかたちの里山を育ててきた歴史を紹介したら、話の後の休憩時間に、「今の話の内容からいうと、里山は日本人のこころ、といえるのではないか」と話しかけられた人があった。

それが誰であったかは特定しないままだったが、その後この言い得て妙の標語をしばしば使わせてもらうことにしている。

最近、日本から発信するSATOYAMAイニシアティブなどで、世界中の里山という言い方をすることがある。確かに、点景としては里山と同じ景観を東アジアの各地で認めることができる。

しかし、それは生活の必然からできた景観であったとしても、それぞれが孤立した景観で終わっている。列島全体を、共通の自然観にもとづいて開発し、里山を緩衝地帯として列島全体に展開させることになった日本列島の開発とはだいぶ異なっている。

一方、里山という言い方を、里山林の地域に限定せず、里地も含めて、みどり豊かな二次的自然の領域全体の呼び名として広義に使われることもある。最近では里山という場合、広義に里地里山をひっくるめた言い方をする方が多いとさえいえる。二次的自然を示す表現として里山を使うとすれば、確かに世界各地で、人間活動の結果、みどり豊かな人工環境は展開する。

しかし、八百万の神の住処としての奥山を、野生生物の聖域として崇め、自分たちの生活のために開発させていただいた里地には氏神を招来し、奥山の依り代としての鎮守の杜で護って、地域の人々の平穏無事を祈念し、里山を緩衝地帯として野生生物との共生を、列島全域を対象に生きてきたのは日本人の特有の生き方である。局地的にはそれに似た生活形態は見られたとしても、日本列島全域という規模で展開する里山に比すべき生き方は、地球上で他には見当たらない。

その意味で、里山は日本人のこころ、はまさに言い得て妙の表現である。ただし、その実態が、今や歴史の産物となってしまい、せいぜい川西市の一地域でその標本が維持されているだけという実体もまたわたしたちが属目《しょくもく》すべき現状である。

ここで蛇足をひとつつけ加えておきたい。

SATOYAMA イニシアティブで、二次的自然としての里山が強調されるが、この話題は注意しないと西欧の一般市民には通じない話になりかねない。

nature という語は日本語では自然であるが、nature という語に込められた本来の概念と、最近日本でふつうに使われている自然という語の意味するものには基本的なところでズレがあると述べた(第二章第二節)。

nature という語で語られる時には、真正の自然が対象になり、日本で最近ごくふつうに使われる自然という語のように、人為の加わったみどり豊かな二次的自然にまで拡げて使われるのは、よほどそれと断った場合だけである。最近の日本では、自然といえば、むしろ、二次的自然を指し、本来の自然を意味するためには、わざわざ原始自然と、意味の重複する四字熟語を必要とする。

欧米では、今でも意識して使われる nature という言葉は原始自然を意味し、二次的自然を表現する時にはわざわざそうと断るという、もともとの言葉の意味に忠実な言葉づかいがふつうのようである。

第二節　持続可能な自然と人との関係

資源を利用してきた人類

一九八〇年代から、持続的な開発という言葉が広く使われるようになった。ヨーロッパで、ブルントラント報告といわれる「Our Common Future」がまとめられたが、このなかで、sustainable development という用語が使われたのが流行の発端である。

持続的な利用という意味は、現在われわれが地球資源から得ている恩恵を、われわれと同じように孫子の世代も享受できるように、変わらぬ状態に維持しながら利用しようということと説明される。開発という言葉は、持続性を損なう状況に通じるとの心配があるというので、持続的な発展と訳そうという考えもある。

しかし、この言葉、考えてみれば、万物の霊長である人が、自然に存在する資源をどのように利用するかという発想にもとづいている。神の申し子である人は自然界では一際優れた存在であり、地球上に存在するものは、人以外の生き物を含めてすべて、人のための資源としての意味をもつという前提である。

このような西欧的な発想で、果たして自然との共生は成り立ちうるものか、その点を考えてみることにしよう。

人が発達させた文明は、当然のことながら、人を中心に展開する。とりわけ、人を万物の霊長と位置づける西欧風の考え方では、人が地球や宇宙を人のために有効に活用することは神の意思に適うことと理解される。もちろん、わたしたちも人であり、知的な存在である人が知によって思考を進める際には、人を基軸にして万物の平衡を考えるのは必然かもしれない。

しかし、自分のことだけを考えれば自分のよって立つ家庭も社会もうまく回転しないように、人が自分だけの利便を中心にして行動すれば、自然も生物界も成り立たなくなる。

伝統的な日本人は、人を他の生き物より特別に優れた万物の霊長と考えたり、他の生き物を人のための資源と見なすような立場はとってこなかった。

自然界に存在する万物を等しく神の申し子と見なし、人もまた死ねば自然に戻り、神になるとした。神になるのは人だけでなく、他の生き物もだし、さまざまな自然物もご神体になり、信仰の対象となった。人だけが自然界の万物を自分のための資源と見なして利用しようなどとは考えなかったのである。

西欧風の考え方では、人は神に選ばれた特別の存在として創造されたものであり、他の生き物よりは一段上の生き物と見なされる。人が自然界の万物と並列されるようなことはなく、むしろ自然に存在する万物は人の生存のための資源と見なされてきた。人は環境を巧みに利用して生きるべきであるとされ、そのために徹底的に資源・エネルギー志向の生き方を構築してきた。

このことを、西欧風、東洋的と並列するのは危険である。たとえば中国では自然物を財産として記録する博物誌の記録が伝統的に重視されてきた。ここでも、自然物のすべてに神が宿るという見方よりも、存在するものはすべて人の、ある時には人が構成する国家の財産であると見なされたのである。この意味では、日本人の伝統的な考え方は東洋でも特異なものだったといえる。

人が利用する資源だから、地球上に存在する物質の利用の在り方について、われわれが恵まれているのと同じように孫子の世代もその恩恵を享受できるように期待する。結論としては、その通りであり、現在わたしたちが利用できる生物多様性の豊かさは、孫子の世代になっても持続的に利用できるように計画的に用いられるべきである。

イソップのいうキリギリスの生き方に制限をかけ、アリのように堅実に生きようということである。しかし、バブルの楽しさを経験してしまった現代人は、キリギリスの楽しさをあきらめることはできないというのが現実だろう。

伝統的な日本人の生き方は、日本列島に存在するすべての物に神が宿っているとの認識にもとづいており、その線上で、自分たち人もまた万物のうちのひとつの要素と考えてきた。

もっとも、ここで特に注意しておきたいのは、西欧の神と、伝統的な日本人の考える神とが、同じ神という字で表現していても、まったく異なったものである点である。

神を god と訳すことで、その違いが無視されていることも考えておく必要がある。言葉は概念であり、異なった概念にもとづいてものを考える国では、同じ意味をもつとされる言葉が表現するものは微妙に異なっている。神や god のように、概念を表現する言葉にはとりわけその傾向が強い。

西欧でも、ギリシャ、ローマの時代には神は唯一神を意味するものではなかった。それが唯一絶対の神に統一されてから、現在にいたる西欧風の思考法が確立され、現代文明にいたる流れが確立された。日本でも、とりわけ明治期以後は、その思想が、少なくとも教科書的には、唯一絶対に正しい考え方とされるようになった。だから、日本の神まで西欧風の god に通じるような概念で説明されようとした。

わたしたちは家庭教育のなかで体得してきた八百万の神を意味する神を念頭に置きながら、それとはずいぶん異なった、god の和訳としての神を、混同して学校教育の過程で勉強してきたのである。

人は生物多様性の一要素

ここでは、もっと生物学の常識に戻って整理してみよう。

現在の生物学の常識に従うと、生き物は三十数億年前に単一のかたちで地球上にすがたを現し、三十数億年の進化の歴史を経て、億を超えるとさえ推定されることがあるほど多くの種に分化するなど、多様なすがたを示すようになった。そして、その多様な生き物のすべてが、相互に直接的、間接的な関係性をもち合って、全体としてひとつの生命を生きている（岩槻、一九九九）。

生物学が確認するようになったこのような事実にもとづいて考えると、ヒトもまた三十数億年前に地球上にすがたを現した生命体の長い進化の結果として、現在、生きている生き物の一種であり、その意味では、ニホンザルやヤマザクラや大腸菌と並列されるべき生き物の一型である。確かに、近々一万年ほどの間にヒトが展開した知的な発展の大きさは巨大であり、知的な種としてのヒトは今や地球を制覇する力をもつようになったとさえ自認する。

しかし、たとえ知的能力を駆使する唯一の種であるとはいえ、ヒトが億を超える生物種のうちのひとつである事実を覆うことはできないし、ヒトだけがこの地球上で単独に生きることはできず、ヒトもまた他の多様な種と助け合いながら自分の生を維持していく必要がある存在であるという事実から目を背けることはできない。

三十数億年の地球上の生き物の進化の歴史を通じて、地球上に生きるすべての生き物は、直接的、間接的に相互に影響を及ぼし合って生きてきた。地球の反対側に生きている名も知らぬ生き物でさえ、関係性を追っていけば自分の生になにがしかのつながりをもっている。その意味で、生き物はすべてが相互に影響し合い、全体でひとつの生命を生きている。最近、人と人の間の絆の大切さが訴えられることが多いが、生命の絆は、地球上に生きるすべての生き物が共有しているものでもあることに、もっと強い関心をもちたいものである。生き物の間の絆は最近になって発生したものではなくて、三十数億年に及ぶ長い進化の歴史を通じて、一瞬の休みもなく、すべての生き物がその絆を大切にして生きてきたのである（岩槻、二〇一二）。

ごく最近になって、人が、知的な思考をするようになってから、好きな生き物は大切にするが嫌いな生き物は平気で駆逐するような残忍な行動をするようになった。それがいかに残忍な行為であるかはほとんど意識さえしないままに、である。そして、その結果、地球上から放逐される絶滅種が後を絶たぬことになり、その状況をもたらした人の存在にさえ危機が迫ろうとしているのである。

万物の霊長と自認する人の多くが、その現実に気付かないままに。

多様な生物がいなくなれば人は存在しえない

ヒトもまた生物多様性を構成する多様な生き物のひとつの型であり、すべての生き物が総体として生きている生命系の生を構成する一要素であると述べてきた。

確かに、地球上でいくつかの種が絶滅しても、生き物の生は何事もないかのように維持されている。地球の歴史のうちに経験した五回の大絶滅では、種の大部分が死滅したことさえあったと推定されている。

それでも、生命系は生き続けてきた。だから、今、何種かの種が絶滅しても生命系の生はヒトを中核として生き続けていくことができると確信を持っている人たちもあるようである。確信をもつのは勝手であるが、それは科学的に証明されたことではないし、わたしたちは、ごく最近、絶対安全だと信じさせられていたことについて、想定外の災害が生じたから間違いが起きてもしようがなかったのだ、などという説明も聞かされている。

生き物の大絶滅は、大隕石の地球への衝突のような突発的な事象に促されたものであると理解されるが、七十パーセントとか九十パーセントとかの種の絶滅が見られたのは、どうやらその衝撃を受けてから数十万年の時間をかけてのことだったらしい。

一方、種が新生するためには、速度の速い有性生殖種でも百万年単位の時間が必要であるとされる。過去の大絶滅では、辛うじて欠けた部分を補う進化が演じられる時間的余裕があったようである。

ところで、現実にわたしたちが直面している生物多様性の危機とは何だろうか。至近の半世紀の間に、地球上で絶滅の危機に追いやられた種の数はどれだけの数に及ぶのだろうか。

ヒトの活動が急速に拡大されている事実は、歴史が明らかにしているところである。人口増加のカーブもまた至近の一世紀の間に驚くべき上昇の速度を示している。過去の大絶滅を引用して、生物界の動向を云々するなら、そのスピード感を正確に理解する必要がある。

人の文明は自然界に不足するものを知的な創造によって埋め合わせてきた。それこそが現在の人の生き様である。しかし、だからといって、現在の人がもっている力が、地球と自然のすべてを支配できるだけの域に達しているとは誰も思わないだろう。

ずっと先になって、人に何ができるようになるかまで予見するのは難しく、見通しには多様な見解が示されるかもしれない。ここでは、だから、少なくとも、現在と、自分たちが生きている間くらいを視野に入れて考えてみよう。

そうすると、わたしたちにとって、生物多様性や地球を持続的に利用するという考え方は、人類の生存を期待する以上、最低限の要求なのである。ヒトは、生物多様性を包括した生命系の生なくして種の存続を図ることはできないのである。

生物多様性に綻びがもたらされ、滅失が見られるなら、桜も必然的になくなってしまうし、その時は桜の絶滅を悲しむべき人自身がその生存を保障されなくなる日であると肝に銘じておこう。

第三節　環境保全から人と自然の共生へ

自然保護から環境保全へ

生物多様性には甚だしい危機が訪れていると述べてきた。しかし、また、対策が講じられさえすれば、種に加えられている圧迫は除去することも不可能ではないと、さまざまな事例が示している。今なら、わたしたちが地球と共生して生きる方策を実行するのに、まだ間に合うだろう。

人は知的な存在であり、人が地球や生物多様性を認知しているのだから、それを人の利用の対象と考えるのは当然であるという見方がある。確かに、意識しなければいけない事実である。「吾惟う、故に吾在り」はその意味において真理である。

人が自分の環境を保全するのは、自分のための義務である。その義務を全うするためには、保全してあげましょう、という意識ではすまないだろう。万物の霊長が、自分たちのための材料である自然を「保全しましょう」というのではなく、生命系の一翼を担っている自分自身の生存のためにも、地球の自然と共生し続けなければならないのである。伝統的な日本人は、それを意識しないでやり遂げてきた。

今、地球環境の厳しい現実に直面し、わたしたちは今後、意識してこの理想的な生き方を構築しなければならない立場に追いやられている。追いやったのは自分たち自身だということを意識しながらである。そうやって意識した生き方のうちで、自分自身のために環境保全を貫徹するために、何が必要かを弁《わきま》える必要がある。

自然保護という言葉がもてはやされたことがある。人の営為によって地球環境が甚だしく損なわれようとしたとき、実態に気づいた人たちが尖鋭に地球自然の保護を訴えたのだった。それ自体は大切な指摘だったし、自然保護のうねりが危険な崖っぷちに追いやられようとした地球環境の保全に向けて、人の叡智を上手に刺激したのは事実だった。しかし、それにしても、人が自然を保護する、してあげるとは……。

現在わたしたち人がもっている力は、自然を保護してあげることができるほど大きいものなのだろうか。人が自然を単なる資源の供給源と見なし、人の力によって自然環境を危機から保護するというのは、自然の一要素でもある人が考え、行動することとしては少々傲慢に過ぎる点がある、問題点に気付くのはいいことであるが。

しかし、その問題をもたらしたのが、自分自身であることへの反省が先に立たなくては事態を正しく認識しているとはいいがたい。そして、自然を護ってあげるのではなくて、自分自身を含めて、自分たちの環境を保全しようというのでなくては、具体的な行動につながることはないだろう。

その意味で、自然保護という言葉、その考え方が一定の役割を果たしてきたことを認識しながら、今では、人の傲慢さをかなぐり捨てるきっかけとしての教訓を得るために使わせてもらい、今日の地球環境を考える時には、自分自身の環境を、その一要素である立場でどのように保全するのか、それに自分自身はどのように関与していくのかを検討したい。

ヒトは多様な生物の一種として、その地球上の生存をすべての生き物に支えられて生きている。知的な進化を遂げてきた人としては、自分と自分の環境を自分の認識で支える意図をもってはいるが、だからといってこれまでに育ててきた人の知が、自分の生存に責任をもち、地球環境に責任をもてるほど完全な状況にあるのではないこともまたよく知っている。

わたしたちは、安全と断言された人為が脆くも崩れ去った残念な現実にも直面した。そのことに深い反省を込め、そこから貴重な教訓を得て、人の知が可能とする能力を百パーセント駆使して、地球環境を保全するために現在を生きる人に何ができるかを具体的に詰めるべきだろう。

地球環境問題は、すべての人が自分の責任で考察し、行動しなければならないものであるのと同時に、きわめて大きな国際政治の問題でもある。地球温暖化をどう理解し、どのように防いでいくか、など、現実に動いていることを見ていると肌寒い思いをすることの連続である。

しかし、それは政治家に何を委託するかを深く考えてもみない大多数の市民の問題でもあり、その問題を十分に浸透させていないわたしたち科学者の問題でもあるだろう。誰かが悪いという前に、自分はいま何をすべきかを整理し、行動するのでなければならない。

自分を護ることは自分の属する世界を護ること

環境の問題は地球の問題という大規模な課題ではあるが、それは同時に自分自身の問題でもある。自分を護るためには、自分が生きている地域を大切にすることが必要であるし、それはそのまま地球を愛《いと》おしむことである。まさに、地域で行動し、地球規模で考えよう、ということである。

わたしたちは、地球に生きる生き物の一種として、ヒトと呼ばれる種を構成する一個人として、自分の生を大切にするために、徹底的に利己的に自分を保全し、生かせていくとよい。しかし、利己的に自分を生かすということは、他の生き物や自分たちを取り巻いている環境を無視して今という瞬間の自分を潤すだけのことでないことを、人の知はいやというほど認識している。

自分を護るために、自分が生きていくための環境の保全が不可欠であることをあらためて強調する必要はないだろう。

ただ、万物の霊長と自認する人は、そのために自分が何をやらなければならないかについて、あまりにも無関心であり、だから無知のままでいる。恐ろしい現実である。

わたしたちは、そのことを声を大にして訴え、すべての自分が、究極は自分のために、この地球環境を大切にし、日本列島から桜が消え去るような事態を招かないように生き続けたいものである。

コラム6　共生

共生という言葉については、最近少し詳しく紹介した（岩槻邦男・仁王以智夫、二〇一二）。ここでは生物学の学術用語で、symbiosis に対応する日本語として、明治末期以後に使われる共生と、古来使われてきた一般用語の共生とを、曖昧にではあるが、区別して整理した。一般用語としての共生のうちには、仏教教義との関わりで使われてきた例と、「ともいき」と読んで、いっしょに生きる意味を広義に表現する例を包含している。

ところで、その一般用語としての共生という語が、日本人独特の使い方をされているために、なかなか適当な英語にならないというので苦労した話を紹介したこともある。日本人なら、人と自然の共生といえばほとんどの人がすぐに正確に理解できるのに、少々の説明では西欧の人たちには理解してもらえない。考えてみると、日本人がこの言葉を使うような概念が西欧にはないのだから、言葉の置き換えで分かり合える話ではない。

日本で理解される人と自然との共生は、人も自然のうちの一要素であるということであるが、万物の霊長である人と自然を対立するものと見る西欧風の理解の仕方では、ヒトがミミズやハコベと並んで自然界の一要素として生きている、などというのは無意味なのである。

実際は現在地球上に生きている多様な生き物は、三十数億年前に地球上に出現した際には単一な型であったものが、それ以来の長い進化の歴史を経て、現在見るような多様なすがたに分化してきたものである。家系に比していえば、地球上の生き物はすべて親戚関係にある。

それだけではない。進化の過程で、生き物たちは自分たちの遺伝子を交流させてきた。

遺伝子組み換えを進化の歴史のうちに組み込んできたのである。現在生きているすべての生き物たちは起源が同一である、というだけでなく、すでに原核生物だった時代に古細菌と真正細菌が融合して新しい型の真核生物をつくってきた。

それ以後にも、生き物たちの間の遺伝子の交流はいろんなかたちで進化し、だから、現在生きている地球上の多様な生き物たちは、単に家系上の親戚でいるだけでなく、もっと緊密に遺伝子でつながり合っている（岩槻、二〇一二、一一三ページの図参照）。

その意味で、日本人の生き方、自然の捉え方は、自然を正しく認識したものだった。それに対して、ヒトを万物の霊長と置く考え方は、自然を正しく理解しない人たちの傲慢な認識だったといえる。

明治維新以来、西欧文化を至高のものと見なしてきた日本人だったが、この点に関してだけは、あらためて自分たちの伝統的な認識の正しさを意識し直し、自然環境保全に向けて、ヒトの文化をただしていくべきである。

あとがき

最近一年ほどの間にテレビや新聞で、絶滅危惧動物の話題が、新聞でいえば一面で、テレビではトップニュースとして何回も取り上げられた。

パンダのシンシンのこどもが残念ながら死んでしまった話題、野外に放鳥されたトキが人手を借りずに、人に頼ることなく生んだこどもが野外で育っている話題、人手を離れて育った半野生状態のコウノトリのこどもが無事に育ち、見かけ上、野生状態に落ち着いた話題、それにニホンカワウソが絶滅種と認定されたことなどなどである。

土用の丑の前後に、鰻の産量の減少が話題になるのも最近の季節の便りになっている。いずれも、絶滅の危機に瀕した動物の種の現状はどうなっているか、彼らの危機を何とか防ぎ、回復することはできないか、さらに自然界で彼ら自身が増殖し、子育てをして、野生で旺盛に生きていたかつての状況に復帰させることができないか、さまざまな努力にまつわる話題の一端である。

生き物の話題がこんなに大きく、頻度高くメディアに取り上げられるのは、最近のいい傾向である。しかし、取り上げられる話題は一過性になり、話題としてどれだけ見聞きする人を惹きつけるかという範囲での取り扱いになるのは、やむを得ぬことかもしれない。問題の本質が何で、だから自分はどう対応しなければならないかを考えるまでに、まだだいぶ距離があるのは、生物多様性の問題も、平和や安全の問題も同じことかもしれない。絶滅危惧種のうちでも、植物に関する話題はメディアでも迫力が乏しい。動かない植物はテレビで映す絵としては地味だし、だいたい野生植物の多くは、人々から馴染みを得ていない。わたしたちの仲間も一九八〇年代後半頃から、この問題について、いろいろと書いたり話したりしたものだが、科学の話題としては一定程度の前進が見られてはいるものの、市民の間への浸透具合はまだまだである。

だから、今回も、お誘いを受けて、またこれまでとは少し違った角度から、同じ課題についての問題提起を試みた。

文章だけではアピールする力が弱いかもしれないと、世界の絶滅危惧種の写真を軸とした紹介書の刊行も準備しているが、このような行動を通じて、生物多様性に及んでいる危機について、正しい情報が広く社会に受け入れられるようであってほしいと希望する。

本書に掲載した写真のいくつかは、下園文雄、服部保、福田泰二、邑田仁の各氏からお借りした。

人の営為に脅かされる植物たちの危機を知っていただく機会を与えられたことについて、絶滅の危機に追いやられている植物たちとともに、本書の上梓を勧めてくださった平凡社新書編集部の和田康成氏にお礼を申し上げる。

二〇一三年四月

岩槻邦男

参考文献・資料

岩槻邦男　一九九〇『日本絶滅危惧植物』海鳴社

岩槻邦男　一九九七『文明が育てた植物たち』東京大学出版会

岩槻邦男　一九九八『シルクロードに生きる植物たち』研成社

岩槻邦男　一九九九『生命系——生物多様性の新しい考え』岩波書店

岩槻邦男　二〇〇九『生物多様性のいまを語る』研成社

岩槻邦男　二〇一〇『生物多様性を生きる』ヌース教養双書

岩槻邦男　二〇一二「雑種シダの種形成——進化における収斂と網状進化」*BIO-STORY* 18: 100~105.

岩槻邦男・下園文雄　一九八九『滅びゆく植物を救う科学——ムニンノボタンを小笠原に復元する試み』研成社

岩槻邦男・仁王以智夫　二〇一二『共生する生き物たち——微生物の世界から日本の共生《ともいき》観まで』ミネルヴァ書房

宇田川榕庵　一八三五『理学入門　植学啓原』

大井次三郎　一九五三『日本植物誌』至文堂

大井次三郎　一九五七『日本植物誌　シダ編』至文堂

小川和佑　二〇〇四『桜の文学史』文春新書

服部保・南山典子・小川靖彦　二〇一〇「万葉集の植生学的研究」植生学会誌二七：四五～六一

牧野富太郎・根本莞爾（編） 一九二五『日本植物総覧』 日本植物総覧刊行会
我が国における保護上重要な植物種および植物群落の研究委員会植物種分科会（編） 一九八九「我が国における保護上重要な植物種の現状」（財）日本自然保護協会・（財）世界自然保護基金日本委員会
矢田部良吉 一八九〇「泰西植物学者諸氏に告ぐ A few words of explanation to European botanists.」植物学雑誌 四：三〇五
Franchet, A. & R. Savatier 1875~79. *Enumeratio Plantarum in Japonia Sponte Crescentium*.
Iwatsuki, K. 2008 Harmonious co-existence between nature and mankind: An ideal lifestyle for sustainability carried out in the traditional Japanese spirit. *Human and Nature* 19: 1~18.
Iwatsuki, K. & al. eds., 1992~. *Flora of Japan*. Kodansha.
Iwatsuki, K. & F. Shimozono 1986 Botanical Gardens and the Conservation of an Endangered Species in the Bonin Islands. *Ambio* 15: 19~21.
Kaempfer, E. 1712 *Amoenitatum Exoticarum Politico-physico-medicarum*. Lemgo.
—— (edited and translated by Sloan) 1727. *The History of Japan*. London. 今井正（編訳） 二〇〇一『日本誌 日本の歴史と紀行』 霞ヶ関出版
Ohwi, J. 1964 *Flora of Japan*. Smithsonian Institution, Washington.
Siebold, P. F. B.von 1832~82. *Nippon*. シーボルト著、岩生成一監修 一九七八『日本』全九巻 雄松堂ほか
Siebold, P. F. B.von & J. G. von Zuccarini 1835~70. *Flora Japonica*. Leiden.

Shimizu, T. & N. Satomi 1976~77 *A Preliminary List of the Rare and Critical Vascular Plants of Japan* (1), (2). Kanazawa.

Thunberg, C. P. 1784 *Flora Japonica*. Leipzig.

World Commission on Environment and Development (Brundland Committee) 1987 *Our Common Future*. United Nations.

日本の絶滅危惧種の詳細については、環境省の生物多様性情報システムの絶滅危惧種情報 www.biodic.go.jp/rdb/rdb_f.html から検索することができる。

また、日本の絶滅危惧植物について、写真や図版を添えて紹介されているものに、

岩槻邦男（監修）一九九四『レッドデータプランツ』宝島社

環境省（編）二〇〇〇『我が国の絶滅の危機に瀕する生物種』維管束植物編　自然環境研究センター

日本植物分類学会（編）一九九五『日本の絶滅危惧植物』農村文化社

矢原徹一（監修）、永田芳男（写真）二〇〇三『レッドデータプランツ』山と渓谷社

などがあり、また府県単位など、各地域で刊行されたレッドブックには当該地域の絶滅危惧植物の写真等が収められているものが多い。

本書の叙述に関連の深い資料として、『生物多様性国家戦略』、『生物多様性二〇一〇』、『生物多様性基本法』や、それらに関する多様な解説書などもある。

【著者】
岩槻邦男（いわつき くにお）
1934年兵庫県生まれ。京都大学理学部植物学科卒業、同大学大学院修了。理学博士。東京大学名誉教授。京都大学理学部教授、東京大学理学部教授、兵庫県立人と自然の博物館館長などを務めた。おもな著書に『文明が育てた植物たち』（東京大学出版会）、『生命系――生物多様性の新しい考え』（岩波書店）、『日本の消えゆく植物たち』（研成社）、『生命のつながりをたずねる旅』（ミネルヴァ書房）などがある。

平凡社新書686

桜がなくなる日
生物の絶滅と多様性を考える

発行日――2013年6月14日　初版第1刷

著者――岩槻邦男
発行者――石川順一
発行所――株式会社平凡社
東京都千代田区神田神保町3-29　〒101-0051
電話　東京（03）3230-6580［編集］
東京（03）3230-6572［営業］
振替　00180-0-29639
印刷・製本―株式会社東京印書館
装幀――菊地信義

ISBN978-4-582-85686-6
NDC 分類番号479.75　新書判（17.2cm）　総ページ216
平凡社ホームページ　http://www.heibonsha.co.jp/